U0267134

湖北湿地生态保护研究丛书

江汉平原四湖流域
景观格局变化与生态管理

王学雷　尹发能　王慧亮　等◎编著

长江出版传媒
Changjiang Publishing & Media

湖北科学技术出版社
HUBEI SCIENCE & TECHNOLOGY PRESS

图书在版编目（CIP）数据

江汉平原四湖流域景观格局变化与生态管理／王学雷，尹发能，

王慧亮编著. —武汉 ：湖北科学技术出版社，2020.12

（湖北湿地生态保护研究丛书／刘兴土主编）

ISBN 978-7-5706-0938-3

Ⅰ.①江…　Ⅱ.①王…　②尹…　③王…　Ⅲ.①江汉平

原—湖区—景观生态建设—研究　Ⅳ.①X171.4

中国版本图书馆 CIP 数据核字（2020）第 233453 号

策　　划：高诚毅　宋志阳　邓子林

责任编辑：秦　艺　　　　　　　　　　　　　　封面设计：喻　杨

出版发行：湖北科学技术出版社　　　　　　　　电话：027-87679468

地　　址：武汉市雄楚大街 268 号　　　　　　　邮编：430070

　　　　　（湖北出版文化城 B 座 13-14 层）

网　　址：http://www.hbstp.com.cn

印　　刷：武汉市卓源印务有限公司　　　　　　邮编：430026

787×1092　　1/16　　　　　　　　　　　10 印张　　231 千字

2020 年 12 月第 1 版　　　　　　　　　　　　2020 年 12 月第 1 次印刷

定价：100.00 元

前　言

　　流域是以水资源自然分布为主要特征的相对独立的区域,流域内各种自然资源和不同区域之间存在着密切联系,是相互制约和互相关联的统一体。流域的生态保护和建设工作必须有机结合起来,才能科学有效地解决流域的各种问题。

　　流域生态管理以流域为单元。通过流域生态管理,可以最大限度地控制水土流失,维持土地资源的持续生产能力,提高流域各种资源管理水平,满足各种生态用水需要,防止或降低灾害损失,保持和加强流域内可再生资源的恢复与发展,促进流域内生物多样性尤其是对现有珍稀濒危动物的保护,促进生态的良性循环和社会经济的持续稳定发展。

　　景观生态规划和建设是流域生态管理的基础、手段和重要内容。景观生态规划是在景观生态分析、综合及评价的基础上,提出景观资源的优化利用方案。其基本任务是协调和改善景观内部结构和生态过程,正确处理资源开发与生态保护、发展经济生产与环境质量的关系,进而改善景观生态系统的功能,提高其抗干扰能力和稳定性,保护自然界的生态完整。

　　土地利用/覆被变化(land use and land cover change,LUCC)直接表现为区域景观的变化,以景观生态学的理论与方法研究区域土地利用变化正是景观生态学研究的热点领域,也是全球环境变化研究的主要内容之一。土地利用变化不仅带来地表景观结构的巨大变化,而且影响景观的物质循环和能量流动,对区域的水文过程和洪涝灾害产生极其深刻的影响。土地利用变化作为洪涝灾害的主要孕灾环境之一,严重影响洪涝灾害的致灾过程,所以探究流域 LUCC 引起的水文效应,对进一步研究其对区域洪涝灾害的影响变得极为重要。

　　湖北省四湖流域即长江中游一级支流内荆河流域,位于江汉平原腹地。因流域内排水总干渠分别贯穿长湖、三湖、白露湖和洪湖而得名,东、南、西三面濒临长江,北接汉江及其支流东荆河。四湖流域是湖北省的粮仓之一,也是我国重要的商品粮生产基地之一,它是长江干流沿江经济带的重要组成部分。由于其所处的特定的地理位置、周高中低的地形特征以及复杂的江湖关系,使得四湖流域成为我国受洪涝灾害威胁最严重的地区之一。

　　本书在对四湖流域进行综合科学调查的基础上,系统分析了四湖流域环境演变特征及湖泊变迁过程,探讨了流域土地利用变化及其水文效应,分析了湖区土壤空间格局变化规律;揭示了四湖流域微地形结构与村落空间格局的关系及变化趋势;定量化研究四湖流域湿地景观结构的特征,并引入了分形结构模型,对流域景观结构的复杂性和稳定性进行分析,探索其动态变化的规律;提出了四湖流域景观生态建设与生态管理对策。

　　本书各章节作者分别是:第一章尹发能、王学雷、王慧亮等;第二章王学雷、尹发能、王慧亮、厉恩华、杨超等;第三章王学雷、王慧亮、王巧铭等;第四章肖飞、杜耘、凌峰等;第五章肖飞、杜耘、凌峰等;第六章尹发能、王学雷等;第七章尹发能、王学雷等;第八章尹发能。全书由王学雷统稿和审校。本书的研究工作在区域背景、理论方法、研究基础与进展综述等方面参考和引用了相关的文献资料,在此对这些作者们表示感谢!

　　《江汉平原四湖流域景观格局变化与生态管理》是湖北省学术著作出版专项资金项目资助出版的系列成果丛书之一,本书是由中国科学院精密测量科学与技术创新研究院及环境与灾害监测评估湖北省重点实验室作为科研支撑单位。

本书为四湖流域环境变化与景观管理研究提供了有益的借鉴,为四湖流域的有效管理提供了科学依据。由于研究时间和认识水平有限,内容涉及面较广,部分数据未能及时更新,书中若有不妥之处,敬请读者批评指正。

编著者
2020 年 8 月

目　　录

第一章

绪　论

1.1　研究背景及意义

1.1.1　流域生态与管理

流域是指在一定地形界限范围内收集雨水或由一条河流、水系灌溉的区域,是一个从源头到河口的天然集水单元。流域水资源管理就是将流域的上、中、下游,左岸与右岸,干流与支流,水量与水质,地表水与地下水,治理、开发与保护等作为一个完整的系统,将兴利与除害结合起来,运用行政、法律、经济、技术和教育等手段,按流域进行水资源的统一协调管理。因此,流域水资源管理既不允许顾此失彼,更不允许以邻为壑,需要统筹兼顾各地区、各部门之间的用水需求,保证流域生态系统的优化平衡,全面考虑流域的经济效益、社会效益和环境效益。

流域水资源管理的实质,就是要建立一套适应水资源自然流域特性和多功能统一性的管理制度,使有限的水资源实现优化配置和发挥最大的综合效益,保障和促进社会经济的可持续发展。流域性的问题,必须而且只能放在流域内来解决,才是科学的、行之有效的。流域内各种自然资源之间和不同区域之间存在着密切联系,是相互制约和互相关联的统一体,流域生态保护和建设的各项工作必须与流域内社会经济发展有机结合起来,才能科学有效地解决流域生态和环境的问题。随着水文地理和生态学等学科的不断发展,使人们逐步认识到,以流域为单元对水资源实行综合管理,顺应了水资源的自然运移规律和社会经济特性,可以使流域水资源的整体功能得以充分发挥。流域是具有层次结构和整体功能的复合系统,流域水循环不仅构成了经济社会发展的资源基础,也是生态环境的控制因素,同时也是诸多水问题和生态问题的共同症结所在。因此,以流域为单元对水资源实行统一管理,已成为目前国际公认的科学原则。世界范围内水危机的日益严重,更显现出这一问题的重要性和现实意义。

一般说来,流域体现水资源分布及开发利用的地域性特征,是进行水土流失治理、保护生物多样性、发展当地社会经济、提高人类生存环境质量和建设良好生态秩序的基本单元。水资源是流域各种资源和自然环境要素的联系纽带。水作为一种自然资源和环境要素,其形成和运动具有明显的地理特征,它以流域为单元构成一个统一体。水资源的更新再生和可持续性存在的能力,是靠水循环过程年复一年、周而复始补给的。维持水的可持续性,保障水循环过程的正常运转,是自然社会持续发展的一项重要任务。水循环过程中,水的类型和资源属性变化与地理地质要素空间组合及其相互作用密切相关,水资源的形成、存在、迁移和转化需要一定的空间介质和场所,以满足水量调蓄、储存、补给、更新以及水质保护的空间需求。这些空间介质和场所在流域尺度上,是指河流及其支流和与之相连接的湖泊、湿地等各种水体,那些受洪水波及的洪泛平原和部分坡地,以及此范围内的地下含水层系统所共同占据的空间。流域发展过程中,人类往往关注自身社会经济发展需求,而忽略了水系统的空间要求,使流域内土地利用程度和范围不断扩大,水流在流域下垫面土层中的垂向和侧向运行路径受阻,干扰了流域中各种径流成分的生成过程和流域下垫面对降水的再分配过程,流域空间上水调节能力降低、滞洪能力减弱,陆地承载水量越来越少,加剧了水资源的时空分布不均、流域水质恶化、生物多样性降低,严重威胁着水资源安全。因此,需要通过水空间规划和管理措施,规范流域水空间管理,实现流域水和土的联合管理。

　　流域是水资源的储存空间,湿地则是流域水资源的重要存在形式之一,湿地资源是流域国土资源的重要部分,湿地资源保护与可持续利用理所当然应遵循流域生态管理理念,按流域生态管理的要求进行。湿地在保护流域生态环境、推动流域社会经济发展方面具有重大作用。许多流域生态功能就是通过湿地系统功能体现的,例如,河流、湖泊和沼泽等自然湿地是流域得以存在的关键,是流域发挥生态功能的基础。为了从根本上解决湿地保护面临的问题,实现湿地资源的可持续利用,必须遵循湿地流域分布规律,将湿地保护纳入全流域生态管理框架之中,从流域整体上把握湿地保护问题。湿地是流域内水资源的主要分布区域和水资源的主要存在形式,与其他生态系统相比较,湿地更为显著地体现了流域特征,湿地作为流域的重要组成部分,具有纳污、灌溉、调蓄洪水、调节气候、保存物种等诸多功能。其面临的各种问题也必然是流域存在的问题,这就要求我们必须从流域角度来加以认识与解决。湿地生态系统是流域中极为重要的生态系统。湿地生态系统兼有水体和陆地的双重特征,又是重要的天然草场和珍稀生物的栖息繁育地,集中体现了景观多样性和生物多样性的统一,对保护人类的生存环境、资源可持续利用和揭示流域乃至全球变化等都十分重要。因此,研究湿地生态系统在维护总系统平衡中的作用、功能和地位,以及在保护整个流域的生态平衡和生态安全方面显得尤为迫切。湿地是介于陆地生态系统与水体生态系统间的独特系统,是水、土和生物在同一时间与空间上的有机耦合,对水要素的存在及运动方式有着较强的依赖性和敏感性。水是湿地生态系统形成的关键因子和最敏因子,在湿地生态过程中起着重要作用。不论是化学过程中湿地营养元素的循环、重金属元素的富集迁移,还是生物过程中湿地植物的生长、湿地动物的生存,以及物理过程中能量流动、生态功能实现,都是在水的参与或以水为载体进行的。

　　以流域生态学为指导的流域生态管理是从全流域对区域资源利用、环境保护进行规划和建设,它是指导和组织实施流域范围内的国土资源利用、提供预期产品和服务的一种科学有效的方法,同时,确保不对区域内自然资源和环境产生负面影响。流域内的自然资源保护管理和利用往往分属不同的行业,如水资源调配和管理由水利部门负责、水污染防治由环保部门负责、土地利用开发由国土部门负责、野生动植物保护和湿地保护由林业部门负责等,要做好流域内自然资源保护工作,需要在流域内建立统一的协调机制,在统一的规划和行动下开展工作。特别是湿地资源保护,本身就与水资源、土地资源、动植物资源和水污染防治密切相关,更需要湿地保护管理部门在相关部门之间建立良好的合作机制,把湿地保护纳入与之相关的其他各项保护工作之中,做到互相配合,互相支持,形成合力来保护和合理利用湿地资源。同时,湿地保护与管理涉及流域内的多个行政区划,应建立统一的协调与管理部门。

流域生态管理以流域为单元,通过流域生态管理,可以最大限度地控制水土流失,维持土地资源的持续生产能力,提高流域各种资源管理水平,满足各种生态用水需要,防止或降低灾害损失,优化流域内产业结构,保持和加强流域内可再生资源的恢复与发展,促进流域内生物多样性尤其是现有珍稀濒危动物的保护和繁育,协调和改善流域内各种资源尤其是自然资源和人力资源的管理,促进生态的良性循环和社会经济的持续稳定发展。

景观生态规划和景观生态建设是流域生态管理的基础、手段和重要内容。景观生态规划是一个综合的概念,是以多学科的知识为基础,运用生态原理,在一定尺度上对景观资源的再分配。通过研究景观格局对生态过程的影响,在景观生态分析、综合及评价的基础上,提出景观资源的优化利用方案。其基本任务是协调和改善景观内部结构和生态过程,增强自然生态协调的经济价值,正确处理资源开发与生态保护、发展经济生产与环境质量的关系。进而改善景观生态系统的功能,提高其抗干扰能力和稳定性,保护自然界的生态完整。

景观生态建设是指在景观尺度上的生态建设,它以景观单元空间结构的调整和重新构建为基本手段,包括调整原有的景观格局、引进新的景观组分等,以改善受胁迫或受损失的生态系统功能,提高景观生态系统总体生产力和稳定性,将人类活动对景观演化的影响导入良性循环。景观生态流是物质、能量和物种在景观要素之间的流动过程,景观生态建设与规划,必须对研究区域的景观结构特征进行系统分析,抓住对特定景观生态流有控制意义的关键部位或组分,进行景观斑块的改变或引入,以构建生态上安全、经济上高效的景观安全格局。在洪涝多发区,由于人争水地而导致的调蓄容量减少,是洪涝灾害出现高频率、重创性的灾变趋势的主要原因。

流域生态管理和景观生态规划的核心和实质,就是对流域水资源和流域景观生态系统进行综合调控和优化,打通流域和区域内各种水体的联系,理顺被人为干扰所打乱的流域水系,恢复和加强流域水文循环,同时通过各种生态恢复、生态建设与流域综合管理等多种措施,合理调整流域土地利用结构、产业结构与布局,恢复流域生态系统自身的结构,加强流域自身的各项生态功能,使流域景观结构与流域生态系统的功能相适应,从而消除因流域生态系统结构失衡和功能退化而引起的各种生态环境问题。

1.1.2 景观和景观生态规划

景观生态学是自然生态学与人类生态学相结合的一门新的综合学科。它以整个景观空间单元为对象,通过物质流、能量流、信息流与价值流在地球表层的传输和交换,通过生物与非生物以及人类之间的相互作用与转化;运用生态学的系统整体原理和系统方法,强调景观的多样性与系统的整体统一性;研究景观的结构、功能、景观动态变化以及相互作用的机理;研究地域景观的独特性,谋求美化格局、优化结构、合理利用和保护。

系统整体论是最重要的理论核心:一组元素以一定的状态在十分密切的空间关系中联系在一起,这些元素与它们的景观状态之间存在一定的关系,形成一定的空间结构,是一个紧密联系的系统,一个保持有机联系的特殊整体,也被称为有相互作用关系的系统。因而,系统中一个元素特征的改变,常常意味着以某种方式改变了整体。景观生态学景观的结构和功能是相互依赖、相互作用的。无论在哪一个生态学组织层次上(如种群、群、生态系统或景观),结构与功能都是相辅相成的。景观的空间结构在一定程度上决定其内部功能,而结构的形成和发展又受到功能的影响。当人为干扰在对景观系统的形态结构造成直接破坏时,亦可直接影响内在生态系统的整体功能,即随着景观结构要素的变异或消失,景观生态系统的整体功能也随之改变。

目前景观生态学已从单一的地理学科向人文社会学科综合方向发展,并得到广泛应用。它在处理今天的生态环境、社会文化及美学等问题中起到主导的作用。景观生态规划则以景观生态学为理论基础,从地域景观的不同层次进行分析,以人类活动的场所空间作为主要研究单元,结合系统整体性的方法,以跨学科技术来分析复杂的景观结构及其内涵,用多功能景观的概念去理解人与自然、城市与区域发展中的各种社会、经济、城市美学与生态防灾等问题,这在当前世界上正成为挑战性课题而受到广泛的关注。由于人类不合理的开发和利用自然资源,造成流域生态环境的恶化,为了合理开发流域资源和保护生态环境,许多发达国家试图运用景观生态学理论与方法,研究流域景观系统的结构与功能、系统之间的相互影响和作用。

1.1.2.1　景观系统

景观作为视觉审美的对象,在空间上与人物我分离,景观所指表达了人与自然的关系,人对土地、人对城市的态度,也反映了人的理想和欲望。景观作为生活其中的栖息地,是体验的空间,人在空间中的定位和对场所的认同,使景观与人物我一体。景观作为系统,物我彻底分离,使景观成为科学客观的解读对象。景观作为符号,是人类历史与理想、人与自然、人与人相互作用与关系在大地上的烙印。因而,景观是审美的、景观是体验的、景观是科学的、景观是有含义的(俞孔坚,2002;1996)。

在本研究中则把景观作为生态系统来讨论。景观是一个有机的系统,是一个自然生态系统和人类生态系统相叠加的复合生态系统。任何一种景观:一片森林、一片沼泽地、一个城市,里面都是有物质、能量及物种在流动的,是“活”的,是有功能和结构的。在一个景观系统中,至少存在着五种生态关系。

第一种生态关系是景观与外部系统的关系,如哈尼族村寨的核心生态流是水。哀牢山中,山有多高,水有多长,高海拔将南太平洋的暖湿气流截而为雨,在被灌溉、饮用和洗涤利用之后,流到干热的红河谷地,而后蒸腾、蒸发回到大气,经降雨又回到本景观之中,从而有了经久不衰的元阳梯田和山上茂密的丛林,这是全球及区域生态系统生态科学研究的对象。根据拉夫洛克(James E. Lovelock)提出的盖娅理论(Gaia theory),大地本身是一个生命体,地表、空气、海洋和地下水系等通过各种生物的、物理的和化学的过程,维持着一个生机盎然的地球(刘华杰,2009)。

第二种生态关系是景观内部各元素之间的生态关系,即水平生态过程。来自大气的雨、雾,经村寨丛林的截流、涵养,成为终年不断的涓涓细流,最先被引入寨中,人畜共饮的蓄水池;再流经家家户户门前的洗涤池,汇入寨中和寨边的池塘,那里是耕牛沐浴和养鱼的场所;最后富含着养分的水流,被引入寨子下方的层层梯田,灌溉着他们的主要作物——水稻。这种水平生态过程,包括水流、物种流、营养流与景观空间格局的关系,正是景观生态学的主要研究对象。

第三种生态关系是景观元素内部的结构与功能的关系,如丛林作为一个森林生态系统,水塘作为一个水域生态系统,其内部结构与物质和能量流的关系,是一种在系统边界明确情况下的垂直生态关系,其结构是食物链和营养阶,其功能是物质循环和能量流动,这是生态系统生态学的研究对象。

第四种生态关系则存在于生命与环境之间,包括植物与植物个体之间或群体之间的竞争与共生关系,是生物对环境的适应及个体与群体的进化和演替过程。这便是植物生态、动物生态、个体生态、种群生态所研究的对象。

第五种生态关系则存在于人类与其环境之间的物质、营养及能量的关系,这是人类生态学所要讨论的。当然,人类本身的复杂性,包括其社会性、文化性、政治性以及心理因素都使人与人、人与自然的关系变得十分复杂,已远非人类生态本身所能解决,因而又必须借助于社会学、文化生态、心理学、行为学等学科对景观进行研究(俞孔坚,1996)。

1.1.2.2 景观规划

作为景观设计学的一个方向,景观规划的理念和实践由来已久,但作为一个专业术语的出现并开始普遍使用则是 20 世纪 70 年代初期(Seddon,1986)。景观规划是在一个相对宏观的尺度上,基于对自然和人文过程的认识,协调人与自然关系的过程(Steiner et al.,1988;Seddon,1986)。景观规划的过程就是帮助居住在自然系统中,或利用系统中的资源的人们找到一种最适宜的途径(McHarg,1992)。景观规划的总体目标是通过对土地和自然资源的保护和利用规划,实现可持续性的景观或生态系统。既然景观是个生态系统,那么,一个好的或是可持续性的景观规划,必须是一个基于生态学理论和知识的规划(Seddon,1986;Leitao et al.,2002)。生态学与景观规划有许多共同关心的问题,如对自然资源的保护和可持续利用,但生态学更关心分析问题,而景观规划更关心解决问题,两者的结合是景观规划走向可持续的必由之路(俞孔坚,1996)。

1.1.2.3 景观生态规划

景观生态规划是一个综合的概念,是一种以多学科的知识为基础的,运用生态原理,在一定尺度对景观资源的再分配。通过研究景观格局对生态过程的影响,在景观生态分析、综合及评价的基础上,提出景观资源的优化利用方案。其基本任务是协调和改善景观内部结构和生态过程、保护人类健康,增强自然生态协调的经济价值,正确处理资源开发与生态保护、发展经济生产与环境质量的关系,进而改善景观生态系统的功能,提高其抗干扰能力和稳定性,保护自然界的生态完整。

可以从狭义和广义两个方面来理解。广义的理解是景观规划的生态学途径,就是将广泛意义上的生态学原理,包括生物生态学、系统生态学、景观生态学和人类生态学等各方面的生态学原理和方法及知识作为景观规划的基础。景观生态规划的狭义理解是基于景观生态学的规划,也就是基于景观生态学关于景观格局和空间过程(水平过程或流)的关系原理的规划。在这里,景观更明确地被定义为在数平方千米尺度中,由多个相互作用的生态系统所构成的、异质的土地嵌合体(Forman et al.,1986;Forman,1995)。景观生态学作为一门较新的交叉科学,其在景观和土地的评价、规划、管理、保护和恢复中日益被认识和重视。随着景观生态学研究的深入,特别是关于破碎化景观和玛他(Meta)种群研究成果的迅速积累,景观生态学意义上的规划日益显示其在可持续规划中的意义(俞孔坚,1996)。

1.1.3 土地利用/覆被变化与生态影响

1.1.3.1 土地利用/覆被变化的研究意义

土地利用变化是人类影响和改造自然界的最显著标志,亦是区域乃至全球变化的主要驱动因素之一,其原因在于土地利用变化对于自然环境系统,包括水文过程、生态过程等都有着深刻且显著的影响(Goudie,1990;郑臻 等,2005)。人们在长期的生产生活活动中,已经影响全球绝大多数地区的土地利用状况,使之受到破坏或者相互发生转化,造成全球性的土地利用/覆被变化,其后续效应波及维持生物圈—地圈相互作用系统的整个过程。

土地利用变化直接改变地表的覆被状况(刘硕,2002),它一方面改变地表的物理特征(如粗糙度、反射率、土壤含水量等),影响与气候直接相关的地表与大气之间的能量和水分的交换过程;另一方面又能改变地球表面的生物地球化学循环过程,影响地表与大气之间微量气体交换和土壤—植被之间的营养物质输送,土地利用变化还通过土地覆被的改变而直接影响生物多样性和区域的水分循环特征,从而改变生态系统的结构以及组成,并对生态系统的功能产生影响。因此,土地利用/覆被变化特征及其动态变化在全球环境变化研究中具有十分重要的作用,土地利用和土地覆被变化越来越被认为是一个关键而迫切的研究课题(Turner et al.,1990)。

在全球环境变化研究中,土地利用变化研究具有特殊的重要意义。一方面为气候变化的全球和区域模式以及陆地生态系统模式提供情景;另一方面有助于解释人地系统的内在机制。土地利用/覆被变化是全球环境变化的重要组成部分和主要原因之一(陈百明 等,2003),也是可持续发展的核心问题(刘彦随 等,2002)。土地利用变化不仅带来地表景观结构的巨大变化,而且影响景观的物质循环和能量流动,对区域的水文过程和洪涝灾害产生极其深刻的影响。

1.1.3.2 土地利用/覆被变化对生态环境的影响

人类通过对与土地有关的自然资源的利用活动,改变地球陆地表面的覆被状况,其环境影响不只局限于当地,甚至遍及全球。土地利用/覆被变化对区域生态环境的作用主要表现在对气候、土壤、水文、水资源等诸多方面的影响。

1) 土地利用/覆被变化对气候的影响

主要表现在两个方面。一方面,人类通过对土地资源的改造和利用,改变了下垫面的性质,即由于地表反射率、粗糙度、植被叶面积以及植被覆被比率的变化引起温度、湿度、风速和降水发生变化,由此引起局地和区域气候发生变化。如城市热岛效应的存在表明城市化所带来的土地利用的改变对局部气候产生影响。另一方面,土地表面是温室气体、痕量气体,主要为 CO_2、CH_4 等的重要来源,土地覆被变化会相应改变大气中 CO_2、CH_4 等气体的含量,从而对气候产生影响。研究表明,1850—1985 年大气中 CO_2 增加量的 35% 是由于土地利用变化,主要是森林退化引起的(Penner,1994),CO_2 增多产生的温室效应使得全球气候变暖且变幅加大。

2) 土地利用/覆被变化对土壤的影响

首先表现在对土壤有关生态过程的影响(郭旭东 等,1999),这一影响具体有三个方面。

第一,太阳辐射到地面以及地面将辐射流反射到外层空间依靠土壤覆被层的吸收和反射特性,不同土地覆被类型,由于其地表粗糙度、反射率不一,从而决定了不同土地利用结构,其能量交换也是不相同的。

第二,土地利用/覆被变化可以改变降水在地表的分配。如建设用地的增加往往使地表径流增加和下渗减少。

第三,土地利用/覆被变化还会导致土壤的理化性质和侵蚀特性的改变。如砍伐森林、开山采矿等人类活动往往使得土壤侵蚀加剧,而农业生产中化肥施用量的增加也使得土壤板结的现象日趋严重。

其次,土地利用/覆被变化还影响土壤养分的迁移过程,土地利用方式和土地覆被类型的空间组合影响着土壤养分的迁移规律,不同土地单元对营养养分的滞留和转化有不同的作用(姜万勤 等,1997)。如植被过滤带可以减少56%的沉积量和随沉积损失的50%的营养物质。

3)土地利用/覆被变化对水文过程的影响

水循环是地球上各种形态的水通过降水、径流、蒸发等环节在大气系统、陆地系统和海洋系统之间不断发生相态转换和周而复始的运动过程。土地利用导致土地覆被变化,变化的土地覆被状况与近地表的蒸散发、截留、填洼、下渗等水文要素及其产汇流过程密切相关,Bronstert 等(2002)总结了可能影响地表及近地表水文过程的土地利用变化及与之相关的水文循环要素,其中影响水文过程最显著的土地利用变化是植被变化(如作物收割、森林砍伐等)、农作物耕种和管理时间、城镇下水道及排污系统等。

4)土地利用/覆被变化对水资源的影响

土地利用/覆被变化还会对区域的水量产生一定的影响。随着土地开发利用范围的扩大和强度的增加,对水资源的需求量也会相应地增加,使得全世界许多地方的水资源都变得非常紧张,面临着水资源的短缺。土地利用/覆被变化对水质也有一定的影响,这种影响主要是通过非点源污染途径实现的。如森林采伐区由于采伐的影响,地表植被遭到破坏,引起森林附近流域河流沉积物增加,这些沉积物破坏了河底水生生物的生境;农业生产过程中化肥、农药的使用,也会给农田附近的河流、土壤带来污染;工业化的发展使得大量的重金属和有机化学物质排入河流或渗入地表,对河流和浅层地下水造成污染。

总的来看,我国土地利用变化对区域生态环境的影响研究主要集中于区域土地利用/覆被变化对大气化学性质及过程、区域气候、水文效应以及对土壤养分和生物多样性的影响等方面。研究结果表明:区域土地利用变化对生态环境质量影响有增加和降低的两种可能,合理的土地利用结构可以改善区域的生态环境,不合理的土地利用格局将会恶化生态环境。

1.1.4 湿地生态脆弱性评估

1.1.4.1 生态脆弱性特征

生态环境是以人类为主体,其他生命物体和非生命物体都视为环境要素的环境,除包括自然因素外,还包括社会要素。脆弱的生态环境,就是抗外界干扰能力低、自身的稳定性差的生态环境。20 世纪 70 年代以来,国内外许多学者从不同途径和角度探讨过生态脆弱性的问题,并且给出了很多种相似的术语和定义,例如,不稳定性、退化、胁迫、脆弱性等术语在生态学文献中频繁出现,但是含义比较模糊。主要形成以下三种理解和认识。

(1)自然观点。根据生态系统的自然属性类型或生态变化程度定义脆弱性。这种观点认为,生态系统的正常功能被打乱,超过了弹性自调节的阈值并由此导致反馈机制的破坏,系统发生了不可逆变化,从而失去恢复能力的生态环境,并使其结构简单化,如生物多样性降低、系统的简化,即为脆弱性的表现。此类观点着重强调生态脆弱性的自然性和表现形式。

(2)自然-人文观点。这类观点是把人文后果作为度量脆弱性的标准,认为当生态系统发生了变化,以至于影响当前或近期人类的生存和自然资源利用时称为脆弱生态环境。这种理解把人地关系系统视为静态的、封闭的系统,从中去探求系统内部的自然因素和人文条件的变化及其后果。

(3)人文观点。认为脆弱性是指环境退化超过了在现有社会经济或技术水平所能长期维持目前人类利用和发展水平时的能力。基于这种观点,将主要生态地带分为三类:脆弱生态环境地带、濒危环境地带和稳定生态环境地带。

生态脆弱性的概念具有广义和狭义两个层次的内涵。生态脆弱性是针对干扰而言、生态系统本身所具有的一种属性。随着人类社会发展、科技进步,人为干扰对生态系统的影响规模和程度越来越大,而且相当惊人。在一定时空尺度上,任何一个生态系统都有脆弱性的一面,这是广义的脆弱性概念。严格的生态脆弱性概念侧重于突出生态系统偏离原生环境的程度,至少应当包括以下方面。

(1)对自然和人类活动干扰特别敏感,一定强度的干扰,可导致环境恶化和生产力下降。

(2)生态系统具有不稳定性,生态因子表现出强烈的波动性。

(3)如果不进行适当协调,环境变化将带来不可逆转的严重后果。

根据上述分析,对生态脆弱性做如下定义:生态脆弱性是景观或生态系统在特定的时空尺度上相对于干扰而具有的敏感反应和恢复状态。它是生态系统的固有属性,在干扰作用下得到表现。因此,它也是对复杂生态系统性质的一种评价。

生态脆弱带即生态脆弱性表现特别明显的地带。这一特征既可在景观水平上表现出来,又可通过各子系统(水循环系统、土壤系统)或生态因子(降水量、土壤有机质等)表现出来。因此可以在不同层次上展开生态脆弱性的研究,包括种群脆弱性、复杂生态系统的脆弱性以及景观脆弱性。

1.1.4.2 脆弱的生态环境与生态过渡带

生态过渡带作为景观结构之间的交接带,比景观结构单元内部对环境变化的响应更加敏感,异质性景观组分之间的相互作用与物质、能量交换过程主要发生在生态过渡带内。生态过渡带对越境的生态过程及景观格局的性质起决定性作用。实际应用的需要促进了对生态过渡带的深入研究。如早期生态预警和生态管理很大程度上基于生态过渡带对景观变化表现的敏感性;生态大农业的设计和发展涉及边缘效应理论的进展。因此,生态过渡带由于研究意义深远而成为当前国际生态学的研究热点。

生态过渡带基本包括五种类型,典型气候-土壤-植被带间的交接过渡带;不同构造地貌单元,如山地、平原和高原等类型间的交接过渡带;不同利用方式,如典型种植区、牧区和林区间的混合交错带;水体包括河流湖泊、海洋与陆地之间的过渡带;局地地貌水文引起的隐域生态系统,如沙漠绿洲、沼泽和湿地草甸系统与周围环境系统间的交接过渡带等。

在生态环境演化过程中,其系统总是趋于稳定。只要输入条件不超过稳定系统的允许范围,则稳定态将会得以保持。相对于稳定的生态系统而言,脆弱生态系统稳定态的允许范围窄,即保持平衡态和抵抗能力弱。由于位于相对稳定系统相邻区域(带)的生态系统具有双重(或多重)的边际环境特点,环境因子的改变扰动很容易使环境整体特征趋向于某一稳定的系统特征,因而脆弱环境多分布于较稳定生态系统的过渡带。但是,并不是所有的过渡带环境因子扰动都会超过维持稳定态的允许范围,所以生态过渡带与脆弱生态环境是不能等同的。可以认为脆弱生态环境是土地退化或生态功能破坏等问题突出的生态过渡带。

1.1.4.3　湿地生态系统脆弱性

湿地是地球上水陆相互作用形成的独特生态系统,是自然界最富生物多样性的生态景观和人类最重要的生存环境之一,在蓄洪防旱、调节气候、控制土壤侵蚀、促淤造陆、降解环境污染等方面起着极其重要的作用。人类社会和湿地在长期的相互作用中已形成了紧密的联系,即使未排水的沼泽湿地也已经对区域经济的发展提供了重要的物质基础。在过去的几个世纪,人类对湿地的利用主要集中在湿地排水和围垦上。如沼泽排水发展农业和畜牧业;森林湿地排水发展林业;围湖造田、造地发展农业和建筑业;深挖库塘灌水来发展养殖,吸引野生水禽;泥炭被开采作燃料,发展园艺业。这些开发形式目前在许多地区仍在进行。湿地面积的减少、湿地水质的改变、湿地生物多样性的降低已成为湿地退化的主要过程。为防止这些过程的进一步恶化,保护现有湿地,恢复退化湿地,已经成为发挥湿地生态、社会和经济效益的最有效手段。

从生态学角度看,湿地是介于陆地和水体生态系统之间的过渡带,是水陆两大系统相互连接的纽带。一个健康的湿地生态系统能使物质和能量通过其界面区的速度和形式保持适当的状态,使陆地加强水土保持,防止水域富营养化。

随着人类所面对的"生态环境压力"在急剧扩大,生态脆弱带的空间范围和程度都表现出明显的增长。自然资源面临的威胁在急速加剧,在许多地区,由于人类不适当的活动,以及自然因素的影响,湿地景观生态系统正在变得脆弱,表现出过渡带的脆弱性特征。其脆弱的主要标志是湿地景观生态系统群落的简单化、生物多样性降低、生物量减少;湿地景观生态系统中土壤有机质含量降低,微生物过程减缓,其对全球变化等的冲击更为敏感。显然,这种脆弱的湿地生态系统对陆地生态系统和水域生态系统的稳定功能大为降低。特别是在目前人类的资源、环境影响强度不断增大的情况下,全球湿地生态系统正在受到严重的改变和损害,并且这种变化和破坏的程度大于历史上任何时期。因此,生态脆弱性研究越来越引起人类的重视。探讨湿地生态环境脆弱性对于了解其环境状况,保护环境和资源、维护区域生态环境的可持续发展具有重要的指导意义。

1.2　研究进展

1.2.1　流域管理的国内外研究进展

1.2.1.1　国际流域管理研究

流域水资源管理是流域管理和集水区管理的主要内容,也是流域管理的基础工作。因此,流域水资源管理研究与流域管理的研究是紧密相关的。Axel D. R. 对美洲的流域水资源管理进行了综述,对流域管理进行了分类(表 1-1)。流域管理从早期的水资源开发、流域开发到水资源管理、环境管理,发展到目前的流域综合管理。在过渡阶段,开发是流域管理的主要任务,以经济或技术为中心。在高级阶段,管理成为流域管理的典型特点,环境成为管理的目标之一(柳长顺 等,2004)。

表 1-1　流域管理的阶段与目标

管理阶段	管理目标与发展方向		
	水资源管理	自然资源利用与管理	综合利用与管理
初级阶段	研究、规划与工程		
过渡阶段(投资)	水资源开发	自然资源开发	流域开发
高级阶段(运行、维护和保护)	水资源管理	自然资源管理	环境管理

20 世纪 30 年代,最早的流域管理机构美国田纳西河流域管理局(Tennessee Valley Authority,TVA)成立,为全世界建立了流域水资源管理的典型。田纳西河流域管理局的职责是把田纳西河流域作为一个统一的整体进行管理。20 世纪 40 年代后期,英国、法国、澳大利亚、墨西哥、加纳等国受 TVA 的影响也开始成立流域管理机构。从 TVA 成立到 20 世纪 70 年代,流域水资源管理基本上是利用工程措施满足各部门对水资源的需要,供水、防洪、航运、灌溉、水力发电工程的兴建是流域水资源管理的主要业绩。流域水资源管理研究主要面向工程建设,以需定供,以经济或技术指标作为评价指标,较少考虑水资源开发利用对流域环境的影响(柳长顺 等,2004)。

20 世纪 70 年代后期,开始研究泥沙与地质灾害对水利工程的影响,提出集水区管理(watershed management)的概念,拓宽了流域水资源管理研究的范围。20 世纪 70 年代末,随着环境问题日益严重,水资源日益短缺,水资源的需求管理和流域环境管理成为关注的热点。1992 年在都柏林召开了国际水和环境会议,发表了关于水和可持续发展的《都柏林宣言》。1992 年在里约热内卢举行的联合国环境和发展大会上通过的《21 世纪议程》是一个非常重要的文件,其中第 8 章"保护淡水资源的质量和供应,水资源开发、管理和利用的综合办法"是与淡水资源的管理直接相关的一章,但几乎所有的与资源保护和管理有关的章节都与水资源相关。1994 年召开的第 8 届世界水大会(Word Water Congress)专门讨论了水资源的需求管理及其环境影响。1997 年召开的第 9 届世界水大会对流域管理的生态系统学方法进行了专题研讨(柳长顺 等,2004)。

可持续发展概念的提出给流域水资源管理的研究提供了新的思路。不过,可持续发展是一个概念性的指导原则,许多学者对其进行了有益的探讨,但在实践工作中可操作性较差。因此,探索一种可操作的流域水资源管理模式成为人们的共识,流域水资源综合管理(integrated water resources management,IWRM)引起人们的注意,对此进行研究成为流域水资源管理研究的重点。国际社会也对其给予了极大的关注,2000 年召开的第 10 届世界水大会把流域水资源综合管理列为四大议题之一,全球水伙伴(global water partnership,GWP)也把流域尺度的水资源综合管理作为其推动各国水资源可持续利用的主要手段(柳长顺 等,2004)。

环境管理是流域水资源管理的高级阶段,流域水资源综合管理是目前研究的重点和热点问题。随着人口的增长和经济活动的发展,水需求急剧增加,许多国家发生了水危机。把水资源作为一种有限的、脆弱的经济资源进行综合管理和可持续利用是流域水资源管理研究的发展趋势。

1) 综合管理模式

世界面临着全球范围的环境问题,如土地退化、荒漠化、空气污染、洪涝灾害、温室效应、海平面上升等,传统的水资源管理受到了越来越大的挑战。水资源综合管理是解决这些问题的一种有效方法或战略。《都柏林宣言》推荐了这种管理模式,《21 世纪议程》对此进行了专门的阐述,并建议各国对此模式进行应用和推广。

流域是水资源综合管理的最佳自然单元。流域水资源管理必须把供水、污水处理、水质保护、洪泛区管理、侵蚀控制、非点源污染防治、湿地保护、农业灌排,以及娱乐休闲、水力发电、航运、工业用水等进行综合管理。流域水资源综合管理就是促进水资源、土地资源和其他相关资源的协调开发和管理的过程,其目的就是在与生态系统平等相处的基础上,使经济和社会财富最大化。《21 世纪议程》对流域水资源综合管理提出了具体的建设目标。

流域水资源综合管理在实践中日益受到重视。流域水资源综合管理最成功的例子是美国田纳西河流域(Tennessee Vally)水资源管理。在美国其他流域,包括科罗拉多州(Colorado)、萨克拉门托市(Sacramento)的水资源管理也是基于综合模式。根据 1973 年水资源法案,1974 年英国基于流域边界把英格兰和威尔士划分为 10 个区域水资源管理局进行综合和多目标管理。10 个水资源管理局代替了原来的单一目标的 1400 个水资源管理机构,管理水资源的所有方面。流域水资源综合管理也引起了世界上许多流域如澳大利亚的墨累-达令河流域(Murray-Daling Basin)、加纳的沃尔特河(Lake Volta)水资源专家和管理者的注意。国际河流流域也注意并开始进行水资源综合管理,如发源于瑞士境内的阿尔卑斯山,贯穿西欧的瑞士、法国、德国、卢森堡和荷兰的莱茵河流域(River Rhine Basin)等(柳长顺等,2004)。

2) 可持续利用管理模式

1992 年在爱尔兰召开的国际水与环境会议首次阐述了水在环境与发展中的地位和作用,在发表的《都柏林宣言》中认为当前"淡水的短缺和滥用对可持续发展和环境保护造成越来越大的严重威胁"。会议参加者要求采用全新的方法对淡水资源进行评估、开发和管理。这种全新的方法就是以可持续发展理论为指导思想,实行水资源的可持续利用和管理。

水资源是影响可持续发展的重要因素,水资源管理是可持续发展必须采取的新政策。水资源可持续利用管理是一个新的概念,尚无一致公认的定义。1996 年,联合国教科文组织(UNESCO)国际水文计划工作组将水资源可持续利用管理(sustainable use and management of water)定义为从现在到未来社会及其福利而不破坏它们赖以生存的水文循环或生态系统完整性的水的管理与使用。可持续水资源管理具有三个目标:环境的完整性、经济效率与平衡。

流域水资源可持续利用管理是流域水资源管理的基本准则,是流域水资源综合管理的核心。许多学者对此开展了研究。但是,可持续发展仅仅是个准则,是一个相对的概念,加之水资源管理的复杂性与不确定性,目前对水资源可持续利用管理的研究总体上处于探索阶段,尚未形成完整的理论体系(柳长顺 等,2004)。

1.2.1.2 国内流域管理研究

新中国成立以前,流域水资源开发利用处于初级阶段,水资源可利用量远大于社会经济发展对水的需求量,给人们的印象是水是"取之不尽、用之不竭"的。因此,虽然成立了"五大"(长江、黄河、淮河、海河、珠江)流域性机构,但流域水资源管理研究几乎没有开展。

新中国成立以后,水资源的开发利用取得了前所未有的大发展。由于大规模的水资源开发利用工程建设,可利用水资源量与社会经济发展的各项用水逐步趋于平衡。流域水资源管理工作主要侧重于水量调度、供水、防洪和排涝。流域水资源管理研究逐步展开,各流域完成了流域综合规划。流域水资源管理研究的主要内容涉及水库调度、供水管理、防洪工程和排涝工程优化设计,初步开展了水污染防治研究。系统分析方法开始应用于流域水资源研究。

从 20 世纪 70 年代末、80 年代初开始,由于人口的迅速增长和经济的高速发展,对水资源的需求量越来越大,水污染事件时有发生,黄河出现断流,海河流域部分河段已经干涸,大部分城市出现了水危机,水资源紧缺现象日趋严重,水资源按流域进行统一管理成为人们的共识,正式成立或恢复了流域水资源管理机构,展开了流域水资源管理研究工作。1979 年,结合全国农业区划工作,启动了国家重点科研项目"水资源的综合评价和合理利用的研究",经过 5 年的研究,基本摸清了全国与各流域片区的水资源状况,为流域水资源管理奠定了坚实的基础。流域水文模型研究方面取得了重大的成果,开发了著名的新安江模型和陕北模型,为流域水资源管理提供了科学工具。水污染防治研究取得了较大的进展,水质管理成为流域水资源管理的重要组成部分。

从 20 世纪 90 年代开始,洪涝灾害、水资源短缺和水污染成为中国水资源管理面临的三大难题。可持续发展理论逐渐为人们所接受,流域水资源管理研究面临新的挑战,如何通过水资源的综合管理,实现水资源的可持续利用,支持经济社会的可持续发展成为流域水资源管理研究的新课题。针对黄河流域水资源利用与管理急需解决的一些问题,1992 年启动了"八五"国家重点科技攻关计划"黄河治理与水资源开发利用",其中对黄河流域水资源合理分配和优化调度、宏观经济水资源规划管理等问题进行了专题研究,为制定《关于黄河可供水量分配方案的报告》提供了科学依据。中华人民共和国科学技术部(以下简称科技部)在"九五"期间,组织实施了"西北地区水资源的开发利用与生态环境研究"项目,以西北地区水资源合理配置、水资源承载能力、生态保护准则及生态需水为攻关突破口,开展了大量的研究,为塔里木河、黑河流域的水资源管理提供了科技支撑。1999 年科技部通过了国家重点基础研究发展规划项目"黄河流域水资源演化规律与可再生性维持机理"的立项申请,其研究主要面向当前黄河流域水资源利用和管理中面临的严峻问题。1992 年《都柏林宣言》发表后,国内对水资源价值开展了大量的研究,使经济手段逐渐成为流域水资源管理的重要工具。2000 年时任水利部部长的汪恕诚在水利学会年会上发表了关于水权和水市场的重要讲话,同时,水利部及时地提出了 21 世纪治水新思路,水市场、水权、生态环境需水、流域水资源优化配置的研究成为当前水资源管理研究的热点;需求管理、水资源承载力和水生态恢复研究开始受到广泛的重视。遥感、地理信息系统、全球定位系统"3S"(RS、GIS、GPS)技术得到广泛应用,系统分析成为流域水资源管理研究的重要方法,智能决策系统研发为流域水资源管理提供了重要管理决策工具。

国内流域水资源管理研究与水资源开发利用密切相关,主要解决水资源利用与管理中面临的重大关键性问题,从新中国成立初期的防洪、排涝到流域水资源可持续利用和综合管理,为流域水资源管理的实践提供了科学基础。但是,水市场、水权、生态环境需水、流域水资源优化配置等许多问题的研究刚刚起步,研究成果难以指导实践,需要从体制或理论上有重大创新和突破。

1.2.1.3　流域综合管理方法与技术研究

流域作为一个相对独立的自然、社会、经济复合系统,成为大气圈、岩石圈、陆地水圈、生物圈和人文圈相互作用的联结点,是各种人类活动和自然过程对环境影响的汇集地和综合反映。以流域为单元进行管理,能够使自然、社会和经济要素有机地结合起来,有利于协调环境保护和社会经济发展目标,实现区域的可持续发展。流域综合管理就是以流域为管理单元,在政府、企业和公众等共同参与下,应用行政、市场、法律手段,对流域内资源全面实行协调的、有计划的、可持续的管理,促进流域公共福利最大化。

1) 管理实施方法

流域综合管理从流域复合生态系统中自然与人文的众多联系出发,分析和决策过程中考虑了众多目标,体现了生态、文化、社会和经济目标的综合和集成,被认为是实现可持续发展的最佳管理途径。然而,因流域综合管理涉及众多部门和团体,分析和决策过程涉及众多学科,实施的目标又比较笼统,可操作性不强。因此,如何对流域进行综合分析和管理策略成为研究的一个重点。近年来,由美国环境保护署湿地、海洋和流域办公室与美国印第安环境办公室合作进行了关于发展流域综合分析与管理的联合项目,提出了流域综合管理实施的一套方法与步骤,并编成流域分析与管理实施的手册 *Watershed Analysis and Management Guide for Tribes*,这一手册主要从流域问题出发,阐述了一套综合评估及决策的方法,体现了流域综合管理的思想,在流域综合管理实施中具有普遍适用的指导意义。

手册提出流域综合管理实施分为五个步骤。

(1)通过对流域、部族、社团进行调查发现关键问题,确定参加决策委员会的人员组成,收集有关问题需要的信息。

(2)利用一系列的技术模型对流域过程进行模拟,获得有价值的信息,从不同学科的角度对问题进行分析。

(3)建立综合模型,对不同学科模型进行集成,综合评估。

(4)根据评估结果确立流域发展计划和管理策略。

(5)实施计划,并进行跟踪检测,了解流域发展计划和管理方案的实施状况,确保计划和方案的正确实施,并发现其中存在的问题,进一步对计划和方案进行调整。

2) 流域综合管理的关键技术

由流域综合管理的实施过程可以看出,针对某一流域问题,需要从与其联系的水、土、气、生物、人等众多要素出发,既要分析和模拟单一流域过程,又要分析不同流域过程之间的联系及响应过程。这一过程一方面需要海量的流域信息支持;另一方面需要针对多学科流域问题的智能化综合决策技术。因此,流域信息化、流域过程分析模型化、综合决策智能化成为流域综合管理部门进行科学决策的保障。流域信息技术包括流域信息的采集、组织、管理等。传统的流域数据采集与管理方法主要有各种统计年鉴、历史文献记录、野外观测台站网络记录、调查访问。这些方法至今仍然在流域分析和管理中起着非常重要的作用。然而传统的方法存在数据采集周期长、投入大,采样布点稀疏等缺点,很难全面地反映流域的整体特征。近年来计算机技术、遥感技术、地理信息系统技术在流域信息化中起着越来越大的作用。目前遥感技术已经成为流域信息获取的重要手段。对地观测系统利用多平台、多分辨率、多波段获取不同尺度流域的多方面信息,空间分辨率可达纳米级,光谱从紫外光、可见光、红外线到微波,波段多达数百个,时间分辨率可以从每隔10多天一次,到每天多次,MSS、TM、SPOT、QUIKBIRD等多种卫星影像已经在资源、环境等众多领域中得到广泛应用。如流域土地利用信息提取、植被类型划分、地质信息提取、水深调查、土壤含水量分析以及基础地图更新等方面的应用。近年来发展的高光谱、高分辨率遥感使遥感方法在流域信息采集中越来越呈现出更为广阔的前景。如通过高光谱遥感可以获得群落的物种组成、生物生长状况、水质变化等；高分辨率遥感影像可以提供流域更高精度的信息，如不同树种树冠的参数等。在人类对地球不同层面、不同现象的综合观测能力达到空前水平的当下，如何处理、传输、组织和应用流域信息，满足流域综合管理的需要是流域信息化建设的又一重要内容。"数字流域"作为"数字地球"多层次构架下的一个重要节点，得到流域管理部门的广泛重视。"数字流域"是综合运用遥感、地理信息系统、全球定位系统、网络技术、多媒体及虚拟现实等现代高新技术对全流域的地理环境、自然资源、生态环境、人文景观、社会和经济状态等各种信息进行采集与数字化处理，构建全流域综合信息平台和三维影像模型，使各级政府部门能够有效地管理整个流域的经济建设，做出宏观的资源利用与开发决策。

流域模拟是指通过分析流域自然、社会、经济复合系统的主要动力过程，提取关键因素，并对关键因素和过程进行合理地定性、定量描述，实现模拟结果和现实的充分逼近。流域模型构建是对流域认识的深化，可以进行预测、诊断、综合、管理和决策。流域模型将水文学、生态学、社会经济等不同学科知识进行模块化、智能化表达，使流域决策者能够充分利用不同学科发展的最新成果，并对复杂环境问题的众多方面进行全面地分析，在一定程度上克服了流域管理者因专业和个人经验所限做出片面的管理决策。通过流域模拟，可以经济、高效地分析流域问题，可以预测流域未来的环境条件，分析和比较备选决策方案实施的可能后果，从而选择最佳的决策方案或对决策方案进行合理调整，减少流域决策实施的盲目性。

近年来随着计算机技术、地理信息系统技术、遥感技术、流域监测示踪技术、网络技术、虚拟仿真技术的发展，水文、生态、社会经济等领域已经采用先进手段建立各自学科的建模分析与决策体系，尤其是水文学模拟技术，已经形成了广泛适用的模拟模型，并应用于水资源管理、水利工程和灾害防治中。然而，面对复杂的流域问题，单学科流域模型在流域综合管理应用中具有很大的限制性，综合决策需要不同学科广泛参与，需要将各个学科模型实现一定程度的集成。综合模型应该是两个或两个学科以上的综合，需要具备从自然、社会、经济等多个方面分析和解释流域问题的功能，通过全面考虑最终做出正确的决策，因此，流域综合模型表现为多学科的综合。

流域非点源污染控制和治理是流域生态管理的关键和难点。近年来针对流域内农业非点源污染发展了一系列生态工程和技术，主要包括湿地生态系统、水陆交错带、缓冲带、水塘系统、污水处理和固体废物处理技术等。

(1)湿地生态系统。湿地是陆地生态系统和水生生态系统之间的过渡带，其水位通常接近地表，或以浅水形式覆盖地表。湿地一般具有三个特征：周期性地以水生植物生长分布为主；土壤水分饱和或被水覆盖；土壤基质具有明显不透水层。污染物在湿地中的滞留由物理、化学、生物等过程控制，包括氮、磷等随泥沙沉降，泥沙和土壤对污染物的吸附、解吸、氧化还原以及生化过程等，而这些过程又与湿地系统的土壤化学性质、生产力等因素有关。湿地水文的周期性变化影响着湿地系统的土壤氧化还原性、水力传导系数、水深、停留时间及水位变化等。湿地生态系统通过增加径流下渗量、延缓径流流速(部分湿地流速接近于零)、增加停留时间等将污染物滞留并将其降解、转化。

氮在湿地中的滞留主要通过沉积作用、脱氮作用、植物吸收和渗滤作用等，同时湿地生态系统土壤的氧化还原性、植被构成(产生有机质)等均影响脱氮过程，进而影响氮的滞留容量。

磷在湿地中的滞留由物理、化学、生物等过程控制,包括随泥沙沉降,泥沙和土壤的吸附、解吸、氧化还原以及生化过程等。磷的滞留也依赖于湿地水流流量、速度、停留时间等水力因素,流速过高容易引起泥沙再悬浮,影响湿地的生化、物理、化学等过程,以及湿地植物分布、组成。生长季节温度较高,湿地生态系统中的植物和微生物生命力旺盛,在植物根部形成氧化微环境,促进微生物对有机磷的降解,使得生长季节的磷滞留明显高于休眠季节,使磷在湿地中的滞留具有明显的季节性。

(2)水陆交错带。我国河流湖泊众多,位于水生生态系统和陆地生态系统间的交错带具有独特的物理、化学、生态特性。交错带内聚集有丰富的植物和动物区系,对整个区域的物质循环起着调控作用。生态交错区控制着流域景观之间的物质流动,水陆交错带的一个重要生态功能就是对流经水陆交错带的物质流和能量流有拦截和过滤作用。水陆交错带的作用类似于半透膜对物质的选择性过滤作用。作为陆地/源头水交错带的人工水塘系统具有很强的截留农田径流和非点源污染物的生态功能。白洋淀周围水陆交错带的芦苇群落和群落间的沟渠能有效地截留陆源营养物质。其中,有植被 290m 长的小沟对地表径流的总氮截留率是 42%,对总磷截留率是 65%;4m 芦苇根区土壤对地表径流的总氮截留率是 64%,对总磷截留率是 92%(尹澄清 等,1995)。

(3)缓冲带。缓冲带是指与受纳水体邻近,有一定宽度,具有植被,在管理上与农田分割的地带,能减少污染源和河流、湖泊之间的直接连接。10~15m 宽的河边缓冲带能够滞留农田地表径流挟带的大部分氮、磷,同时不同类型(灌丛、草坡、山毛榉林)缓冲带的滞留能力要依赖于植株密度和水位,悬浮物在缓冲带内的沉降主要是缓冲带糙率增加,引起水流流速降低,延长水流流动时间,增加径流下渗量,降低水流挟沙能力。氮在缓冲带内的截留作用主要是随泥沙沉降、反硝化作用、植物吸收,而影响反硝化作用的因素主要有温度,氧化还原能力,可利用的碳源量、氮源量等。磷在缓冲带内的截留主要是磷随泥沙的沉降及溶解态磷在土壤和植物残留物之间的交换,以及缓冲带土壤中植物根孔的形成有利于过滤作用的增强和吸附容量的扩大。

(4)水塘系统。长江中下游流域存在许多天然或人工水塘,这些水塘间歇性的与河流进行水、养分的交换,同时降低流速,使悬浮物得到沉降,增加水流与生物膜的接触时间,水塘对非点源污染物的滞留和净化能力很强。研究发现,浅水水塘对氮的年滞留量约为 8000kg/hm² 。我国许多水塘系统主要是通过滞留降雨-径流,循环利用水塘截留的径流和营养物质,径流和氮、磷的年滞留率均超过 80%。同时,连接水塘的小沟具有较高的横断面/水深比,以及植被对径流有过滤作用,使得沟渠能够有效地滞留氮、磷等污染物。水塘系统中的河口型、水塘型河流断面在不同的水文条件下(基流、降雨-径流)具有稳定的滞留功能,总氮、总磷的滞留量占全部滞留量的 60% 以上。

(5)污水处理和固体废物处理技术。用生态技术处理污水比较成熟的方法有土地处理、氧化塘、湿地处理等。氧化塘包括厌氧、兼性、好氧等类型,具有广谱、高效、稳定的净化能力。土地处理系统是将污水经过土壤—生物系统,去除污水中的营养成分和污染物,出水水质等于或超过传统三级处理的出水水质,同时没有污泥处理的问题。土地处理系统主要有慢速灌溉、快速灌溉和坡面径流三种类型,在适宜的污染负荷条件下,对总氮、总磷的去除效率超过 70%。在处理农村固体废物(生活垃圾、畜禽粪便、作物秸秆等)方面,比较成熟的生态技术有现代堆肥技术、秸秆粉碎还田、沼气技术、垃圾熟化技术等。

1.2.1.4　流域生态系统管理研究

长期以来,对水资源的管理成为流域管理的主要内容。应该认识到,水资源系统有其脆弱性,即易受岸上周边地区影响,而水则始终是生态系统中的一个重要生态因子,对水的研究要放在生态系统的背景下进行。同时,将流域视为复合生态系统,将水生态系统与陆地生态系统结合起来研究在理论和实践上都是十分必要的。

生态系统管理(ecosystem management)是近年来国际上为了应对生态环境日益严重的系统性、结构性破坏而提出来的,采用这种方式就是为摆脱以前那种令人不满意的管理框架。由于自身的复杂性,生态系统管理无论是作为理论还是实践至今仍处于发展中,其管理思想强调从单要素管理向多要素、全系统综合管理的转变,实质上就是要求强化对生态系统的结构与功能的保护,强调对生态保护的统一监督和综合管理。流域生态系统管理是建立在生态系统管理的基础上,从整个流域全局出发,统筹安排,综合管理,合理利用和保护流域内各种资源和环境,从而实现全流域综合效益最大和社会经济的可持续发展。流域生态系统管理是由明确且可持续目标驱动的管理活动,由政策、协议和实践活动保证其实施,并在对维持系统组成、结构和功能、必要的生态作用和生态过程最佳认识的基础上从事研究和监测,以不断改进管理的适合性。

流域是自然、社会、经济复合生态系统,其结构与功能较单纯的自然生态系统要复杂得多,从中、大尺度上研究流域内各种资源的开发利用、保护及环境问题,无论是分析还是决策时都要优先考虑保护流域生态系统的结构和功能。水既是流域生态系统的"驱动因子",也是最终的"受害者",流域由不同的水、陆生态系统组成,但对水的研究是对流域研究的出发点和落脚点。生态系统管理要求系统地研究人类对生态系统的利用以及对其造成的影响,要求寻找问题的根源,而不是"头痛医头、脚痛医脚"。生态系统管理认为识别阈值是必需的,当生态系统退化到阈值水平以下时,某些主要的性质或功能就必然会丧失。生态系统科学家及管理者的一个重要职能就是开发用以识别阈值的工具,为生态系统确定出不同的阈值水平,并将所获得的数据提供给决策者。理解和接受损失是生态系统管理的一个组成部分。因此,在人类开发利用的扩大与保护生态系统功能之间必有一方做出牺牲,生态系统管理最终是要提供备选和折中的方案,也要对这些选择的成本和收益情况进行评估和监测。

生态系统管理的概念是在生态科学的发展过程中逐渐形成并不断发展的。在探索人类与自然和谐发展的道路上,生态系统的可持续性已成为生态系统管理的首要目标,人类社会的可持续发展归根到底是生态系统的管理问题。生态系统管理并非一般意义上对生态系统的管理活动。由于可持续发展主要依赖于可再生资源,特别是生物资源的合理利用,因而正确的生态系统管理则显得更为重要。流域是自然、社会、经济复合生态系统,可分为流域生态系统、社会系统和经济系统三大部分,其中包含着人口、环境、资源、资金、科技、政策和决策等基本要素,各要素在时间和空间上,以社会需求为动力,以流域可持续发展为目标,通过投入产出链,运用科学技术手段而有机地组合在一起,构成了一个开放系统。流域及其经济开发日益受到人们的重视,流域社会经济的可持续发展成为流域开发或流域生态系统管理的首要目标。

流域是指一条河流(或水系)的集水区域,河流(或水系)从这个集水区域上获得水量补给。作为自然、社会、经济复合生态系统,发生在流域中的一些自然现象以及社会经济均具有自然性和社会性。第二次世界大战以后,许多国家和地区都把以流域为单元,建立和恢复森林生态系统或发展混农林业(或称混林农业)作为整治环境和发展经济的一个重要途径。

以前对水或水资源的研究多数是单纯针对水或水生态系统,而水生态系统有其脆弱性,即易受岸上周边地区影响。另外,水始终是陆地生态系统中的一个重要生态因子,对陆地生态系统的研究不能离开有关水的研究。所以,将流域视为复合生态系统,将水生态系统和陆地生态系统结合起来研究,开展流域生态学和流域生态系统管理的研究和应用在理论及实践上都是十分必要的。流域生态学更关注水、陆生态系统研究的结合,并强调流域的综合开发与治理,流域生态系统管理是流域生态学研究和应用的核心内容。流域生态系统管理是建立在生态系统管理的基础上,从整个流域全局出发,统筹安排,综合管理,合理利用和保护流域内各种资源,从而实现全流域综合效益最大和社会经济的可持续发展。流域生态系统管理是由明确且可持续目标驱动的管理活动,由政策、协议和实践活动保证其实施,并在对维持流域系统组成、结构和功能、必要的生态作用和生态过程最佳认识的基础上从事研究和监测,以不断改进管理的适合性。在流域复合系统中,由于自然子系统是基础,因此,在流域生态系统管理中,必须以自然系统的管理为基础和前提,并在此基础上进行社会和经济系统的管理。但它们并不是完全分开的,在自然系统的管理中,所考虑的因素和目标涉及大量的社会、经济因子;而社会和经济系统的管理,是不能离开自然系统的管理而独立进行的。因此,自然系统中流域生态系统管理将是研究的基础和重点。尽管流域在地理学上有明确的界限,但是,流域是一个开放系统,与外界有着密切的联系与交流。流域内不同等级的组织之间,也存在着物质和能量的联系,正是这些物质和能量上的密切联系,使得不同等级的组织构成了流域的整体结构。对局部的干扰,可以影响流域整体;而对局部的控制,有可能使流域的整体得到一定程度的调节。因此,对于流域自然系统的管理必须综合考虑,整体协调;而实施上则可以分不同的时空尺度。

1)水陆交错带

水陆交错带作为一种明显的环境脆弱带,是联系陆地生态系统和水生态系统的纽带和桥梁,其功能是多样的。因此,对于水陆交错带的管理,对保护流域内的各种生物多样性、实现水陆交错带的各种功能具有十分重要的意义。由于水陆交错带的形式是多样的,如湖泊滩地、河漫滩、河岸带等,对它们的管理应该针对不同的情况采取相应的措施。此外,流域内的湿地也可以认为是一种水陆交错带。河岸带的保护问题近年来一直是一个热门话题。在紧靠溪水、河流等容易受到破坏的地方重新种上植被,形成河岸带缓冲区。河岸带缓冲区可以分为三个区域。第一个区域是从河岸开始向陆地一侧延伸一定的距离,至少延伸 4.6m,种植耐水淹的乡土本地的树种,形成滨水阔叶树种,这个区域是防护林带永久性植被。第二个区域是再向陆地延伸至少 6m,可以种植多种乔木或灌木针叶树、阔叶树或者是灌木,只要第一个区域没有受到破坏,第二个区域就可以用来生产木材或其他森林产品。第三个区域是最靠近耕地的区域,它是一个充当过滤器的狭长草带,用以固定泥土,并阻止水土从排水渠中流失。在流域开发过程中,一般地,对水情稳定、洪涝灾害不大的河流,其河漫滩的适当开发是可以的;而对于那些径流季节变化大,历史上曾多次发生过洪涝灾害的河流,则不能轻易对其河漫滩进行大规模开发。

2)生物多样性

生物多样性是生态系统可持续发展和生产力的核心,生物多样性的重要作用表现在:在复杂的梯度上维持生态系统过程的运行;是生态系统抗干扰能力和恢复能力的物质基础;是生态系统适应环境变化的物质基础。因此,维护生物多样性是生态系统管理计划中不可缺少的一个部分。生物多样性不只是一个保护问题,还有生物多样性生态系统功能问题。在生物多样性日益受到重视的今天,人们对淡水生物多样性的认识仍较为贫乏,由于盲目开发、利用,生物多样性受到严重影响。与海洋生态系统相比,淡水生态系统范围狭小,相互间隔较强,栖息其中的鱼类种群的分布范围较为有限,生态系统的稳定性较差。环境的变迁,有时甚至是不太大的局部的变化,都可能导致某个鱼类种群的死亡,甚至是物种的灭绝。流域内水陆交错带或湿地是高生物多样性出现的地方,但过度的、不适当的人类活动是湿地包括淡水生态系统生物多样性丧失的重要原因。一方面,因生物栖息地环境的被破坏而导致物种生存受到威胁或消亡;另一方面,生物资源的过度利用或污染造成的物种的消亡。当然,这样的影响在陆地生态系统中也同样存在。对生态系统多样性进行研究的目的,应该是定量了解系统内的物种组成和变异程度,从而对生态系统的演替等级和趋势做数值分析。在流域范围内,从生态系统层次出发,研究生物多样性和系统功能的相互关系具有十分重要的意义,同时,流域生物多样性的生态系统功能也是流域生态系统管理中生物多样性问题的关键。生物多样性本身在时间和空间尺度上动态变化,并受到多种因素的影响,因此,需要在大尺度上权衡对生物多样性的管理,任何区域生态系统都会受到周围生态系统的强烈影响。

　　3) 森林生态系统

　　森林作为流域中一个重要类型和组成部分,各流域的降水都或多或少受到森林的影响后再流入河道,森林变化对河流水文情势及人类生存环境有其综合影响。由此可见,森林生态系统管理的意义不仅仅在于森林生态系统或陆地生态系统。引起洪涝灾害通常包括三方面因素:气象因素、水文因素和生态环境因素。气象因素指降水强度和降水量,因降水主要受大气环流影响,目前人类很难对其控制。水文因素,诸如流域面积、下垫面坡度、土壤特征、河道长度、坡降等都是相对稳定的因素。森林植被锐减和水土流失是生态环境易变的一个重要原因。此外,林地枯枝落叶层是林地森林生态的子系统,在调节地表径流、改良土壤结构、增加入渗、提高土壤的抗侵蚀能力和消减击溅侵蚀等方面具有重要作用。对水源涵养林,应严格保护林下枯落物层,尽量使枯落物保持相当的积累厚度,这将有助于发挥涵养水源的功能。

　　4) 湖泊与水系

　　湖泊是陆地表面有一定规模的天然洼地的蓄水体系,是湖盆、湖水以及水中物质组合而成的自然综合体,水库则是一种人工湖泊。湖泊的功能主要取决于湖泊的资源条件,同时其功能因湖、因时而异。在合理开发利用湖泊时,应该对湖泊的主体功能及群体功能予以重视。湖泊滩地作为流域内水陆交错带的一种重要形式,也是湖泊的重要组成部分,具有调节河川径流、增殖水产、围垦种植、改善生态环境等多种功能,其管理方式是否合理极其重要。流域内的湖泊、沼泽、塘堰和水库等可调节洪水、改变径流的年内分配。湖泊、沼泽、塘堰、水库的水面面积与流域面积之比为湖沼率。它愈大对河川径流的调节作用愈大,还能增大水面蒸发,增强内陆水分循环,改变流域小气候,也能沉积泥沙,减少河流含沙量。水资源的保护问题首先是管理问题。传统的水资源主要是指水量。水资源包括水量、水质、水能和水生物四大要素。在传统的水资源开发利用中,往往重量不重质、重水本身而不重水生物、重开发利用而不重规划保护、重经济效益而不重生态效益,这种认识和做法限制了对水资源的进一步开发和利用,明确把水量、水质、水能和水生生物作为水资源的四个有机组分,强调水质在水资源组成要素中的重要性。此外,该观点把水生生物纳入水资源组成要素之中,强调了水生生物在净化水体、开发水体生产力以及水生生物多样性保护中的作用。

1.2.1.5 流域水空间规划与管理研究

人口增长和社会经济发展及粮食需求,使人们过度重视土地的社会经济价值,忽视了土地所具有的多种用途,农田和森林也应与其他功能相结合。流域内土地利用程度和范围的不断扩大,破坏了水流在土层中的垂向和侧向运行路径,干扰了流域中各种径流成分的生成过程和流域下垫面对降水的再分配过程,造成流域空间上水调节能力降低,滞洪能力减弱。目前流域管理研究已开始重视这些空间的恢复和管理,包括天然河流系统功能恢复,河流沿线土地利用规划,洪泛平原和湿地等水文功能恢复,明确提出"给河流以空间"的流域管理措施。近年来,国内学者提出了水空间管理,其中,水空间是指与水资源形成、存在相关联的空间介质系统,即各种储存形式的水资源所占据的环境空间,着重强调水循环和水再生过程中,特定的空间介质结构对于水资源储存和涵养的作用,要求以合理的水空间格局及其水文功能的发挥来维持流域水资源平衡和水资源可持续利用。因此,在水资源利用过程中,必须充分考虑水循环过程中空间载体的功能和作用,采取积极有效的措施,维持和保护水资源形成、迁移和转化所需要的空间介质和场所。流域水空间规划从维持流域水循环系统完整性角度,规划流域与水循环相关的空间结构,试图保证水资源系统的完整性,通过规划,恢复水循环过程中的联通空间和调蓄空间,提高水资源系统的可更新能力和调节能力。尽管目前流域水空间变化与水资源系统之间的量化关系研究还较为缺乏,其暂时还未考虑水质问题,但是对于水量的积极探讨,将有助于深化水资源系统的可持续管理。

在水循环过程中,水资源作为一种物质实体,并不是孤立地完成整个水循环过程,而是借助于一定的空间介质和载体,并在这些空间介质和载体的协助下完成循环。这些空间介质和场所就成为水循环过程中水资源的存储和调蓄空间,直接和间接地影响着水资源形成、迁移、转化的时间、方式和过程。它们的损失或丧失必将影响整个水资源系统,特别是对于特定区域的水资源利用来说,影响就更加深刻。统计表明,陆地淡水存储的变化对海平面上升具有明显作用,20世纪海平面平均每年上升 $1.5\sim2.0\,mm$,其中,陆地水存储能力变化导致的上升速率是 $0.54\,mm/a$,贡献率达到 30%。从组成上看,流域水空间是河流纵向、横向和垂向上,由地表各种水体、洪泛平原和坡地,以及地下含水层共同组成的空间系统;从范围上看,流域水空间包括了地表和地下两部分,地表空间主要包括河道及洪水漫溢后所波及的广大洪泛平原和部分岗地、坡地,地下空间主要包括地表空间所占据的空间范围内的地下含水层系统;从分布格局和形态上看,地表各水体之间是相互联系、相互贯通的,这些融通的水又在地表各水体、洪泛平原和坡地以及地下含水层之间不断地运动,在流域范围内,形成一个以水为联系、以水量交换为功能方式的空间镶嵌体,研究重点是维持河流沿线土地的水文功能。

水空间的形成取决于自然营力和人类活动,其发展取决于流域生态水文过程的演化,因此流域水文过程是水空间演化分异的重要动力。在自然和人类活动的综合作用下,在风化壳的基础上发育了一定类型和特征的土壤,其孔隙造就了该种土壤最初的水空间。随着水文过程在该土壤上的发展,土壤的理化性质发生演变,其水生态空间也就相应地发生变化。

流域尺度上不同类型土壤上发生的水文过程使得土壤水空间形成了一定的时空格局。由此可见,流域水文过程决定了土壤水空间的分异。自然营力和人类活动造就了流域内的河流湖库,即形成了流域内原始的显性水空间。生态过程和水文过程及其耦合作用对流域内的河流湖库进行重塑,河流湖库的储水能力在时间和空间上发生变化,即流域的显性水空间发生分异。对于其他类型的水空间来说,也出现上述类型的发育演化过程,佐证了流域水文过程是流域水空间分异的重要动力。水空间的大小在一定意义上决定了流域水资源的时空分异,同时水空间也是流域生态水文过程演化分异的重要场所,因此水空间的分异与演化制约着流域生态水文过程的演化。水文格局与水空间在一定程度上相互制约、相互促进、互为因果,在时空尺度上作用的强度和效应也不相同,从而形成一定时空尺度上生态水文格局与水空间的耦合演化格局。两者的耦合演化将深刻制约着流域水资源的综合利用,维系着流域水环境安全。

流域水空间规划原则有以下几个方面。

1)以水资源的时空演变为出发点的原则

受自然因素和社会因素综合影响,流域水资源量具有明显的时空变化特征。水资源较大的流动性和整体性特征,使其在一个点上的扰动影响着周围或其下游,有时甚至会造成矛盾。水资源时空演化趋势分析,考虑自然和社会因素,导致的流域水资源量的变化特性,分析人类活动影响及水资源开发利用造成的水资源变化特征,流域降水、产流、汇流、蒸发、入渗、补给、排泄等环节的转化和变化特性,以及流域洪涝、旱灾变化特征,分析流域空间变化对流域水资源调蓄能力的影响,并对其功能演变及发展趋势进行预测。

2)流域社会经济发展与水资源安全相互兼顾的原则

流域水空间规划主体是流域水系统,是为水资源系统预留富足的空间。但受人类社会经济活动制约,使得这种空间配置又不能单纯地考虑水资源系统本身的空间要求。所以,流域水空间规划在改善和恢复流域水空间功能的同时,兼顾流域社会、经济和环境的空间承受能力和资金承受能力,以最适合的流域水空间规划措施实现最优化的功能。

3)以流域空间合理配置为中心的原则

流域是由人类系统、环境系统和水系统组成的,具有一定层次结构和整体功能的复合系统。环境是系统功能的辅助,水资源可持续发展是支撑。科学的水资源管理是为了实现经济社会和环境的持续、协调发展。流域水空间配置也要从以下三个层次上进行调控。

在水系统层次上,维持水系统的水循环空间和自然调蓄空间,在充分考虑空间调蓄功能的同时,保障流域水资源安全。制定流域水空间保护和管理原则,划分流域水空间等级,设计合理的水空间规模,以实现流域水空间功能。在经济层次上,对河流沿线土地垦殖、城市化、道路修建和工程建设等进行严格规定和限制,对任何形式的空间扩展行为进行影响评价,尽量提高流域土地的使用效率,同时调整生产力布局和产业结构,抑制水资源需求的过度增长。在环境层次上,确定生态用水的合理限度,承认并重视自然环境对于人类活动承载能力的有限性以及生态系统服务功能的重要性,保护流域生态系统发展,发挥生态功能。

流域水空间规划与管理,包括以下内容。首先,要对流域水循环演化规律进行识别,以流域水循环为基础,进行水资源量和流域空间相结合的动态特征识别。分析不同历史发展阶段、现状及未来人类作用下,流域下垫面变化特征;将流域水文变化与流域下垫面变化相结合,分析这些空间变化对流域水文情势的影响,揭示四水(地面水、土壤水、地下水、作物水)转化规律。识别重点是人类活动对流域空间改造导致的水资源变化,揭示空间变化与流域四水转化之间的定量关系。其次,分析流域水空间变化特征,确定流域水空间边界,分析流域水空间结构和功能变化特征及趋势。考虑不同历史发展阶段和不同社会生产力发展水平下,流域开发利用方式的差异性,可根据不同洪水频率下洪泛平原特征,确定流域水空间范围和等级。重点分析地表各种水体及土壤特性变化、地下水位和地下含水层空间构造变化特征以及河流横向、纵向和垂向之间联通关系的变化特征。再次,进行流域空间合理配置规划,流域空间配置涉及流域社会、经济、环境和水(资源)多个决策目标,以及水文、工程、土地和投资等多类约束条件,是一个涵盖多目标和多要素的决策问题。流域水空间多目标规划中应反映短期、中期和长期各个不同的目标值,各个不同系统之间的空间利益关系,流域不同地区和部门间的需求关系,经济、环境和政策等的约束和控制等。最后,建立流域水空间保障体系,制定流域水空间保护措施、流域水空间功能恢复制度和评价标准以及流域水空间管理法规和条例。开发流域水空间预警系统,促进流域防灾减灾、管理和预测工作的开展。加强流域水空间功能认识和保护的宣传教育,提高河流沿线居民对于水空间功能的认知程度,积极将被动管理转化为主动保护。建立流域水空间经济补偿机制,对因流域水空间维护而造成损失的地方和个人进行经济补偿,提高流域水空间保护力度。

1.2.1.6　流域管理的可持续发展生态水利学研究

生态学是研究包括人在内的生命与其物理和生物环境间相互关系的系统科学,是关于生命、环境和人类社会可持续发展的方法论科学。随着社会的发展和文明的进步,特别是人口、资源和环境问题的日益尖锐,生态学在自我完善的同时,表现了对人类文化和文明的强烈参与,成为连接自然科学和社会科学的桥梁,也成为可持续发展战略的理论基础。传统水利向现代水利、可持续发展水利的转变,正是人类文明发展到"生态文明"时代在水资源领域理论创新与实践创新的结果,有着深厚的生态学理论基础。生态学的整体、平衡与协调和环境资源的有效极限规律等理论为可持续发展水利提供了坚实的生态学理论基础。

一个稳定的生态系统表明生态系统的结构与功能、物质、能量和信息的输入输出都处于相对稳定的状态。当物质输入和输出不平衡超过自身调节范围时,就会引起生态系统结构和功能紊乱,使整个生态系统的平衡被打破,就会出现失衡现象。

水利活动,尤其是大型水利工程改变了水资源的自然存在形态,对生态环境造成各种影响,包括直接的或间接的、短期的或长期的、诱发的或积累的、一次的或两次的等。所有这些影响,都会打破原有的生态平衡。合理的开发行为,会促使生态环境良性循环,生态功能得到优化和加强;开发不当,可能造成生态环境的恶化和生态系统功能的退化。平衡与协调规律要求在治水中坚持人与自然的和谐共处,经济发展要与人口、资源、环境相协调。防洪问题上,既要治水又要规范人类自身活动,既要防洪又要给洪水以出路。在用水问题上,要把生态用水提到重要议程,防止水资源枯竭对生态环境造成的破坏。对已形成严重生态问题的河流,采取节水、调整产业结构、调水等综合措施予以修复。

任何生态系统中的各种环境资源,在数量、质量、空间和时间等方面都有一定限度,每一个生态系统对外来的干扰都有一定的忍耐极限。当外来干扰超过这个极限时,生态系统就会被损伤、破坏,甚至瓦解。所以,采伐森林、放牧等一切人类生产活动都不得超过资源的永续利用量。与环境资源的有效极限规律紧密联系的是生态可持续性法则,只要对生物和非生物资源的使用不超过他们自身的恢复再生能力,再生资源便可持续不断地更新。例如,地表水的最大持续产量是指水文循环中多年平均的地表水最大水量;对地下水而言,是指地下水能长久供给,而不是地下水位下降或水量减少的最大可供水量。可持续性法则同样要求人类生活生产活动的废弃物,不能超过环境容量或自净能力;否则,环境系统必将改变和损害。水资源是生态经济系统的组成部分,服从生态和经济规律的支配,为生态环境和社会经济服务。

环境资源的有效极限规律和生态可持续性法则要求水资源开发利用和排污要适应资源和环境容量的约束。一个地区、一个流域具有客观存在的水资源承载能力和水环境承载能力。要改变对水资源"取之不尽、用之不竭"的观念,要从传统的"以需定供"转为"以供定产",注重水资源节约、保护和配置,提高承载能力,努力实现水资源的永续利用。

系统的资源承载力和环境容纳总量在一定时空范围内是恒定的,但分布是不均匀的。差异导致竞争,竞争促使资源的高效利用。生态系统的这种竞争作用强调有限资源的合理利用和潜力的充分发挥。竞争共生原理要求实现水资源高效利用。为此宏观上要在产业间、区域间优化配置水资源,微观上要促进每个用水户高效用水、节约用水,同时要注重挖掘水资源的利用潜力和资源循环使用,实现水资源多层次利用和循环再生。

生态系统中生物与生物、生物与环境资源相互依存、相互制约,是一个有机的整体,也是构成生态系统的基础。自然生态系统有其自身运动规律,人为的切割会破坏其功能的运行。水资源系统同样也是一个完整的有机的整体,在构建水资源管理体制时,应充分考虑整个系统内各种相互依存、相互制约的关系,在时间和空间上全面考虑,统筹兼顾。要协调上下游、左右岸、干支流之间的关系,统筹考虑水的多种功能,以流域为单元实行水资源统一管理,统一规划,统一调度。实行区域范围内涉水事务一体化管理。

我国面临着洪涝灾害、干旱缺水、水土流失、水污染等四大水资源与水环境问题,特别是在经济发展中一度忽略了生态建设和生态保护,靠牺牲环境谋求一时的经济发展,从而导致了生态环境的大范围急剧恶化。从生态学的角度分析,水生态系统存在的问题,可归纳为水资源量收支失衡、水环境污染、生物多样性衰退、水景观萎缩和水灾害频繁五个方面。如河道断流、地下水超采、湿地生物多样性受到严重影响与威胁等。产生这些问题的原因在于人类活动对环境和资源的影响导致水资源循环在时间、空间上的滞留和耗竭,引起水生态系统在结构、功能关系上的错位和失协。主要原因有以下几个方面。

第一,过量用水或排污导致生态耗竭。

水生态系统是一个开放系统,水体自然生态系统与经济社会系统构成社会-自然复合生态系统,具有生产、生活、供给、接纳、控制和缓冲等生态功能。它不断地与外部环境进行物质、能量和信息的交换,并有趋向输入与输出平衡的趋势。

由于社会经济的迅速发展,当水资源需求量远远超过当地水资源供应,将形成水资源的生态耗竭。而水体中输入的污染物总量大于输出的总量,大大超过水体本身的自净能力就会造成生态阻滞,引起水质恶化。洪水年份和雨季期间,输入水量大于水体调蓄能力及输出水量,形成生态阻滞,导致水灾频繁。沙量失衡将形成水体内泥沙的生态阻滞。

第二,不合理开发水资源引发水生态系统结构的破碎与功能的板结。

长期的人类开发活动中,一些不合理的开发行为引起生态系统的系统耦合在结构和功能关系上的错位和失谐,导致结构的破碎和功能的板结。如人类过度开发占用水面和湿地,导致水面和湿地面积越来越小,随着道路及建筑物用地面积的扩大,地表硬化覆被面积越来越大,水文循环的紊乱、土壤调节水分能力削弱和部分生物群落的消失,使得自然系统服务功能减弱。破坏了水生态系统原有的格局,影响了水的连通程度和循环速度,破坏了原有的景观廊道,还改变了水生生物的生境,使生物和景观的多样性不断下降。

第三,水生态调控机制匮缺和水生态意识低下导致人与环境的行为冲突。

目前在涉及水与水体的利用和保护的问题中,往往条块分割,缺少统一的规划。在整体上,水生态调控机制匮缺,管理体制紊乱。缺乏生态意识也是造成对水的社会行为在经济和生态关系上的冲突和失调的重要原因之一。如城区沿河两岸部分居民直接向河中倾倒垃圾,一些水产养殖户在天然水体中过度网围养殖与投饵等,不顾水体生态系统结构和功能的被破坏。

可持续发展水利强调人与自然和谐相处,注重在水资源开发利用中维护良好的水生态系统,按生态学原理协调环境与发展的关系,树立正确的生态观,处理好社会经济发展要求与水资源承载能力和水环境承载能力的关系,实现可持续发展的目标。这里必须把握以下几个方面的问题。

第一,树立人与自然和谐的生态观念。

人与自然相协调的发展观。在水资源开发利用中要保护自然环境、尊重自然规律,强调人与自然协调发展。既要促进经济增长,又要维持水的可持续性、可再生性和生态系统整体性,充分考虑生态用水,维持地下水适宜水位、维持河道生态基流、保持河道泥沙冲淤平衡、维持城市水环境景观等生态环境需水。

时间与空间统筹考虑的生态整合观。要以生态学方法为基础,运用生态整合方法,通过各种技术、行政和行为诱导的手段,从时间和空间上调节水-经济-社会复合生态系统内部各种不合理的耦合关系,促使水资源在时间和空间上合理配置,提高水生态系统的自我调节能力,实现系统稳定和可持续发展。

开发与保护相协调的资源观。既要努力实现水资源的高效利用和合理分配,又要注重保护与增强水环境的生产力和资源再生能力,保护水资源使其有利于经济的发展。要建设节水防污型社会,既满足人类社会经济的发展需要,同时保护人类及其他生物赖以生存的环境。

第二,把握好水资源承载能力和水环境承载能力。

可持续发展水利强调水利发展的可持续性、协调性、公平性,强调发展不能脱离自然资源与环境的约束,在实践中,就要把握好水资源承载能力和水环境承载能力,根据水资源承载能力和水环境承载能力,确定合理的人口与社会经济的发展速度与发展规模。

水资源承载能力是天然水资源的可供水量能够支持人口、环境与经济协调发展的能力或限度,是一个国家或地区持续发展的一种基础性保障或支撑能力。水资源承载能力分析关系地区发展规模和代际持续发展的前景。区域水资源承载能力一般是指水资源数量的供应能力、水环境质量保护能力和水害防御能力的综合,通过区别和综合分析,找出促进或制约地区发展的有利和不利因素,为地区制定社会经济发展战略提供可靠的科学依据。

水资源承载能力是水利规划和发展的重要依据。保持生态系统自身的结构和功能不被破坏是维持系统良性循环的基本条件,水资源状况的变化往往导致区域环境的变化、土地利用和土地覆被的改变以及社会经济发展方式的变化等,这就要求水利开发不能超出水资源的承载能力状况。水利规划要以水资源的承载能力为前提,着眼于经济社会的可持续发展,确定流域或区域内的生态环境目标,确保流域或区域生态系统健康,防止处理不当导致环境质量和生态系统的恶化,引发生命支持系统的破坏。

水资源承载能力是确定流域或区域综合发展规模的依据。保证区域水资源承载能力与区域经济和产业布局统一,才能够保障生态-经济-社会系统的可持续发展。根据区域内自然环境、自然资源和生态过程的分异特征,以及生态环境的综合评价,将区域划分为生态功能不同的地区,为制定区域合理的水资源开发利用策略和发展策略提供生态学基础。

水资源承载能力是水资源配置的基础。以"维护生态环境良性循环"为条件,可明确划分生产用水、生活用水和生态用水的比例和用量,促进人与自然和谐相处,做到既能满足经济社会发展的用水需要,又能保障水资源的永续利用,维持流域水循环的可再生性。

水环境承载能力本质上体现了人类活动所应遵循的自然规律。在可持续发展水利的实施过程中,水环境承载力是对水环境系统内在规律的客观反映,是人类自我设定的限制其活动、规模的阈值,与社会经济发展的程度密切相关。从水利管理可持续发展的角度来划分,水环境具有两个方面的功能:水环境承载污染物的功能和特定水环境的服务功能。

承载能力为保护水环境结构不发生不利于人类生存的方向性改变、保障水环境系统功能的可持续发展提供了理论体系和评价方法。承载压力超过一定的极限将导致水环境结构的破坏并引发某些生态功能丧失。依据水环境可持续承载能力理论可以对区域性的人类活动进行规范,对人类经济发展行为在规模、强度或速度上提出限制。由于人类活动的规模和强度越来越大,它对于本来脆弱的生态环境带来了附加的压力。对淡水资源和水生动植物的完整性进行恢复和维护,正日益受到重视。在许多国家,生态系统的恢复已经成为其可持续发展政策的重要组成部分。根据水环境承载系统中的纳污能力,可以对流域水环境分区实施污染物总量控制;基于生态系统的调节能力,可以从宏观的角度对流域或区域水环境制定保护规划和调控措施,协调经济-社会-环境系统的关系。

特定水环境的服务功能是由单要素包括水体、河道及河岸构成的,该功能除包括传统水利意义上的供水、行洪、发电、航运等,还包括为水利和人类社会经济可持续发展的生物多样性的维持和生态服务等。

需要强调的是,分析水资源承载能力和水环境承载能力,是以可持续发展为目标,是为实现可持续发展服务的。因此,我们并不是被动的受水资源和水环境承载能力的约束,而是积极主动地调整社会经济发展的结构和规模,适应环境和资源承载能力的要求;同时要积极主动地采取措施,利用现代科技手段和管理方法,提高水资源承载能力和水环境承载能力。

第三,注重生态系统的恢复和重建。

实现水资源可持续利用,在根据水资源和水环境承载能力开发利用水资源的同时,要加大水生态系统的保护,对过去由于水资源不合理地过度开发利用引起的生态系统破坏和退化,进行恢复和重建,遏制生态恶化趋势。

生态恢复要遵循生态系统自身规律,通过人类的作用,根据技术上可行、经济上合理的原则,实施生态工程,使受害或退化的生态系统得以重构和再生。由于生态系统的复杂性,各种生态因子和实施工程的时序性,都会对实施的生态工程的效果产生巨大的影响,因此实施生态恢复和重建必须将自然规律和生态工程原理结合起来,遵循生态系统整体、协调、自生、再生循环的要求,运用合理的组织和实施形式,促进水生态系统良性发展。

生态学研究和实践证明,充分发挥自然的力量,依靠生态的自我修复能力治理水土流失,不仅在降水量较多的地区效果明显,而且在干旱半干旱地区也能取得较好的效果,能够大面积改善生态环境,快速减轻水土流失程度。从水生态系统自身规律出发,水生态恢复和重建要把人工措施与自然修复结合起来。要针对不同类型区水生态系统存在的问题以及各自的自然条件和社会条件,按照因地制宜、生态系统综合治理相结合的原则,提出不同类型区生态系统恢复和重建的主要措施。因此,实施可持续发展水利,要注意发挥生态自我修复作用,把适合以自然力量为主恢复生态的区域划分出来,在地广人稀、水土流失轻微和降水量较多的地区,明确生态自我修复的分区、目标、任务与措施,统筹考虑多种措施促进生态自我修复。

逆转自然生态的退化趋势、恢复自然的生态潜能是提出可持续发展水利的生态措施的根本出发点,要从技术、体制、文化及认识领域调节社会的生产关系、生活方式、生态意识,建立良好的生态秩序,在资源承载能力和环境容量许可的前提下,促进人与自然在时间、空间、数量、结构及功能上的可持续发展。

第四,实施生态和谐行动。

造成水资源系统不可持续的主要原因是人为干扰过度,一方面,如果人类能够正确认识人与生态系统之间的关系,减少不和谐行为,就可以降低水资源系统的脆弱程度;另一方面,对于已破坏的生态环境,应有计划有步骤地进行恢复,如退耕还湖、还林、还草,河湖清淤和河道治理,清除泄洪障碍。

节约用水不仅能节约资源、提高资源的循环利用,而且能减少污水排放,减少污水所占用的生态服务功能,是一种有效增加水环境容量的生态策略,具有双重效益。合理用水、节约用水和污水资源化是改善环境和提高资源利用效率的最合理选择,是人与生态系统和谐发展的有效方法,是可持续发展水利的必由之路和最佳选择。

第五,推行生物、工程措施一体化。

生物措施是改善脆弱生态环境的最直接有效的手段,在实践中只有把生物措施和工程措施两种措施结合起来综合使用,才能取得最佳效果。修建水利工程设施时,要在其周围和上游地区植树造林,充分发挥森林植被涵养水源、保护水土,调节地表径流等方面的特有功能,一方面增加水资源存量;另一方面加强水利设施的安全保障。另外,还要采取适当的经济措施,充分调动人民群众的治理积极性。

第六,建立水资源统一管理体制。

水资源开发要考虑到上中下游、流域间以及地域间,乃至各种资源间的辩证关系,这是河流或水体生态功能整体性发挥的基础;同时也要考虑资源、经济、社会之间的辩证关系。实践证明,实行水资源统一管理,是一种对生态系统负责的体制,生态系统的安全性能才能得到保证,才能发挥水的生态效益。同时,可持续发展水利要求实行真正的流域管理,对流域内的水资源开发、防洪、水资源的保护进行有效的流域统一管理,保持流域的生态特征及其多样性。

1.2.2　景观生态规划研究进展

1.2.2.1　景观生态规划方法论上的改进

景观生态规划不是一个被动的、完全根据自然过程和资源条件而追求的一个最适合、最佳方案,而在更多的情况下,它是一个决策导向的过程。规划本身不是决策,而是决策的支持,是一个自上而下的过程,即规划过程首先应明确什么是要解决的问题,目标是什么,然后以此为导向,采集数据,寻求答案。当然,寻求答案的过程可以是一个科学的自下而上的过程。关于这方面的规划方法论,Steinitz(1990)的六步骤框架提供了一个非常系统的模式。这个框架在制定规划时通常考虑以下六个层次的问题。

(1)景观的状态如何描述,包括景观的内容、边界、空间、时间,用什么方法,用什么语言。这一层次问题的回答依赖于表述模型。

(2)景观的功能,即景观是如何运转的,各要素之间的功能关系和结构关系如何。这类问题的回答依赖于过程模型。

(3)目前景观的功能运转状况如何,如何判断,基于判断矩阵——无论美观、栖息地多样性、成本、营养流、公共健康还是使用者满意状况,这类问题的回答依赖于评价模型。

(4)景观会怎样发生变化(无论是保护还是改变景观),被什么行为、在什么时间、什么地点而改变。这与问题(1)直接相关,尤其是在数据、用语、句法方面。这一问题引致了变化模型。至少两类重要的变化必须考虑当前可预见趋势带来的变化(实际包括要素自身的时间趋势以及别的要素发生变化带来的改变),相应的就有预测模型;可以实施的设计带来的变化,诸如规划、投资、法规、建设等都属于设计范畴,相应的就有干预模型。

(5)变化会带来什么样的可预见的差异或不同,这与问题(2)直接相关,因为同样是基于信息、基于预测性理论的。这一类问题的解决依赖于影响评价模型。在这一模型中,过程模型用于模拟变化。

(6)景观是否应该被改变,如何做出改变景观或保护景观的决策,如何评估由不同改变带来的不同影响,如何比较替代方案,这与问题(3)又直接相关,因为二者都是基于知识,基于文化价值的。这个问题的解决需要由决策模型来实现。

在任何一个项目中这六个层次的框架流程都必须走至少反复三次:第一次,自上而下(顺序)明确项目的背景和范围,即明确问题所在;第二次,自下而上(逆序)明确提出项目的方法论,即如何解决问题;第三次,自上而下(顺序)进行整个项目直至给出结论为止,即回答问题。

1.2.2.2 关注水平生态过程和景观格局

作为对麦克哈格(Ian Lennox McHarg)生态规划所依赖的垂直生态过程分析方法的补充和发展,景观生态学着重于对穿越景观的水平流的关注,包括物质流、物种流和干扰,如火灾的蔓延、虫灾的扩散等。这种对土地的生态关系认识的深入,为景观生态规划提供了坚实的科学基础。景观生态规划(landscape ecological planning)模式是继麦克哈格的自然设计之后,又一次使城乡规划方法论在生态规划方向上发生了质的飞跃。如果说麦克哈格的自然设计模式摒弃了追求人工的秩序(orderliness)和功能分区(zoning)的传统规划模式,而强调各项土地利用的生态适应性(suitability and fitness)和体现自然资源的固有价值,景观生态规划模式则强调景观空间格局(pattern)对过程(process)的控制和影响,并试图通过格局的改变来维持景观功能流的健康与安全,它尤其强调景观格局与水平运动和流(movement and flow)的关系(Forman et al.,1986;Risser,1987;Turner,1989;Forman,1995)。景观生态学与规划的结合被认为是走向可持续发展最令人激动的途径,也是在一个可操作界面上实现人地关系和谐的最合适的途径,已引起全球科学家和景观规划师们的极大关注(Cook et al.,1994;Forman,1995)。

斑块(patch)、廊道(corridor)和基质(matrix)是景观生态学用来解释景观结构的基本模式,普遍适用于各类景观,包括荒漠、森林、农田、草原、郊区和建成区景观(Forman et al.,1986)。景观中任意一点或是落在某一斑块内,或是落在廊道内,或是在作为背景的基质内。这一模式为比较和判别景观结构,分析结构与功能的关系和改变景观提供了一种通俗、简明和可操作的语言。这种语言和景观与城乡规划师及决策者所运用的语言尤其有共通之处,因而景观生态学的理论与观察结果很快可以在规划中被应用,这也是为什么景观生态规划能迅速在规划设计领域内获得共鸣,特别是在一直领导世界景观与城乡规划设计新潮流的哈佛大学异军突起的原因之一。美国景观生态学奠基人 Richard T. T. Forman 与国际权威景观规划师卡尔·斯坦尼兹(Carl Steinitz)紧密配合,并得到地理信息系统教授 Stephen Ervin 的强有力技术支持,从而在哈佛大学开创了规划新学派(Dramstad et al.,1996)。运用这一基本语言,景观生态学探讨地球表面的景观是怎样由斑块、廊道和基质所构成的,如何来定量、定性地描述这些基本景观元素的形状、大小、数目和空间关系,以及这些空间属性对景观中的运动和生态流有什么影响。如方形斑块和圆形斑块分别对物种多样性和物种构成有什么不同影响,大斑块和小斑块各有什么生态学利弊;弯曲的、直线的、连续的或是间断的廊道对物种运动和物质流动有什么不同影响;不同的基质纹理(细密或粗散)对动物的运动和空间扩散的干扰有什么影响等。围绕这一系列问题的观察和分析,景观生态学得出了一些关于景观结构与功能关系的一般性原理,为景观规划和改变提供了依据。

尽管景观生态学的基本原理在很大程度上是通过对生物运动的观察得出的,但它们具有关于运动和流动等景观格局关系的一般性意义,也适用于各种类型的景观。在景观生态规划中,这些基本原理体现在对景观元素空间属性及由景观元素所构成的空间格局的设计上(俞孔坚 等,1998),它们包括:

(1)关于斑块的原理,即关于斑块尺度、斑块数目的原理,斑块形状和关于斑块位置与景观生态过程的关系原理。

(2)关于廊道的原理,即关于廊道的连续性、廊道的数目、廊道构成、廊道宽度与景观过程的关系原理。

(3)关于基质的原理,即关于景观的异质性、质地的粗细与景观阻力和生态过程的关系原理。

(4)景观生态规划总体格局原理,包括不可替代格局,"集聚间有离析"(aggregate with outliers)的最优的景观格局等。

景观生态度量体系被认为是将生态知识应用于规划的有效工具(Leitao et al.,2002),特别是景观生态学的形式语言和景观规划语言是可以相通的。对景观生态来说,景观结构由两个基本要素组成:成分(component)和建构(configuration)。成分不包含空间关系信息,而是由数目、面积、比例、丰富度、优势度(Turner,1991)和多样性指标,如香农(Shannon)和辛普森(Simpson)指数(Gustafson,1998)等来衡量。而景观构建则是表现景观地物类型空间特征的,即与斑块的几何特征和空间分布特征相联系的,如尺度和形状,以及适应度、毗邻度等。连续性是景观生态学的一个重要的结构(也是功能)的衡量指标,它尤其在生态网络概念上非常有意义,而网络的连续性可以根据 Turner 的原理来进行衡量(Forman,1995)。

景观生态学对景观有上百种度量方法,但许多度量方法都是相关联的。以下是几种核心度量,它们被认为可以应用在景观生态规划中(Leitao et al.,2002)。

（1）景观成分度量：斑块的多度（PR）和类型面积比例（CAP），块数目（PN）和密度（PD），块尺度（MPS）。

（2）景观构建度量：斑块形状（SHAPE），即边长面积比，缘对比（TECL），块紧密性（RGYR）和相关长度（I），近毗邻距离（MNN），均毗邻度（MPI），触度（CONTAG）。

这些生态度量对景观规划及管理和决策具有重要意义，但目前在景观生态学的定量分析基础上的景观规划还远没有成熟，从这个意义上来说，景观生态规划还刚刚开始，任重而道远。

大地景观是多个生态系统的综合体，景观生态规划以大地综合体之间的各种过程和综合体之间的空间关系为研究对象，解决如何通过综合体格局的设计，明智地协调人类活动，有效地保障各种过程的健康与安全。景观生态学的发展为景观生态规划提供了新的理论依据，景观生态学把水平生态过程与景观的空间格局作为研究对象，同时，以决策为中心的和规划的可辩护性思想又向生态规划理论提出了更高的要求（Faludi，1987；Steinitz，1990）。

基于对以上诸方面的认识，俞孔坚于 1995 年提出了景观生态规划的生态安全格局（security patterns）方法（Yu，1995，1996；俞孔坚，1998，1999）。该方法把景观过程（包括城市的扩张、物种的空间运动、水和风的流动、灾害过程的扩散等）作为通过克服空间阻力来实现景观控制和覆盖的过程。要有效地实现控制和覆盖，必须占领具有战略意义的关键性的空间位置和联系。这种战略位置和联系所形成的格局就是景观生态安全格局，对维护和控制生态过程具有异常重要的意义。要根据景观过程之动态和趋势，判别和设计生态安全格局。不同安全水平上的安全格局为城乡建设决策者的景观改变提供了辩护战略。因此，景观生态安全格局理论不但同时考虑水平生态过程和垂直生态过程，而且满足了规划的可辩护要求。

景观安全格局理论尤其在把景观规划作为一个可操作、可辩护的而非自然决定论的过程，在处理水平过程诸方面显示其意义。景观安全格局理论认为生物对整体景观都具有利用和控制的潜能，而景观中存在着某些潜在的格局，它们对生物的运动和维持过程有关键的影响，如果生物能占据这些格局并形成势力圈，生物便能最有效地利用景观，使景观具有功能上的整体性和连续性，最有效地维护生物和生态过程。因此，识别、设计和保护景观生态安全格局是现代生物保护的重要战略。

景观安全格局理论把博弈论的防御战略，城市科学中的门槛值、生态与环境科学中的承载力、生态经济学中的安全最低标准等数值概念体现在空间格局之中，从而进一步用图形和几何的语言或理论地理学的空间分析模型来研究景观过程的安全和持续问题，并与景观规划语言相统一。各个层次的安全格局则是土地利用辩护的战略防线和景观空间"交易"的依据。在此理论基础上，提出了景观安全格局识别方法和模型，包括将水平过程，如火灾的蔓延、城市的扩张、物种的空间运动表达为三维潜在表面（potential surface）。潜在表面反应过程在景观中所遇到的阻力或控制景观的潜在可能性。结合理论地理学的表面分析模型，特别是 Warntz 的点、线、面分析模型（Warntz，1966；Warntz et al.，1967）根据潜在表面的空间特征，如峰、谷、鞍、坡等，再应用地理信息系统和图像处理技术识别安全格局。

多层次的景观安全格局，有助于更有效地协调不同性质的土地利用之间的关系，并为不同土地的开发利用之间的空间"交易"提供依据。某些生态过程的景观安全格局也可作为控制突发性灾害，如洪水、火灾等的战略性空间格局。景观安全格局理论与方法为解决如何在有限的地域面积上,以最经济和高效的景观格局,维护生态过程的健康与安全,控制灾害性过程,实现人居环境的可持续性等提供了一个的新思维模式。对在土地有限的条件下,实现良好的土地利用格局、安全和健康的人居环境,特别是恢复和重建中国大地上的城乡景观生态系统,或有效地阻止生态环境的恶化有潜在的理论和实践意义(俞孔坚,1998,1999;2002)。

1.2.2.3　GIS 技术发展与景观生态规划

从 20 世纪 60 年代中期至今,GIS 及其规划、特别是景观的生态规划中的应用,可以划分为六个发展阶段。

第一个阶段为 20 世纪 60 年代中期,使用应用计算机和计算机图像处理方法来处理我们已经知道并可以用非计算机方法进行的简单工作,如景观分类、生态因子筛选或地图叠加,所有这些都可以用手工方法来完成。空间分析和统计分析工作很难完成。

第二个阶段为 20 世纪 60 年代末到 70 年代初,开始注重更为复杂的 GIS 分析,包括将统计分析与地图绘制相结合,引入更为复杂的空间分析技术和不限于二维图像的更丰富的表现方法。

第三个阶段为 20 世纪 70 年代中期,GIS 与其他学科和专业开始相互作用,认识信息影响决策的意义,开始转而强调规划的作用在于组织和利用信息为决策服务,而不是决策本身。这也意味着对当时景观规划方法论的一种自我批判,也是对麦克哈格的自然决定论规划思想的反思。

第四个阶段为 20 世纪 70 年代末到 80 年代中期,微型计算机引入 GIS,发展了更加友好的人机界面,操作命令英语化,数据获得更方便,以及丰富多样的分析功能。使用计算机已不再是一件特殊的技能。

第五个阶段为 20 世纪 80 年代中期到 90 年代中期,GIS 成为成功地进行景观规划的必须,计算机成为规划师的合作伙伴。这不但因为计算机的速度和功能在不断增加,数据的数字化日益普遍,还因为在规划的高效性方面和存储及成果展示的方便性,都日益使 GIS 和计算机成为景观规划工作的必须。

第六个阶段为 20 世纪 90 年代末到可预计的未来,网络技术与 GIS 结合,特别是互联网技术飞速发展,数据的可获得性和数字化程度的提高,使 GIS 本身的分析功能更加强大和复杂,同时,使用界面将更加简单、友好,GIS 的利用社会化,GIS 对规划的辅助作用和分析及解决问题的功能使其成为真正方便的工具,从而使掌握它的人比没有掌握这一工具的人处于更大的优势地位(Tomlinson,2003)。

如果将景观生态规划过程分解为分析和诊断问题、预测未来、解决问题三个方面的话,那么,与传统非计算机和非 GIS 技术相比,GIS 尤其在分析和诊断问题方面具有很大的优势,主要反映在其可视化功能、数据管理和空间分析三个方面。在寻求解决问题的途径方面也有很大的潜力。

从 19 世纪末开始,景观规划的生态途径源于对景观作为自然系统的认识,这种认识出于两个方面的需要,一个方面是因为建立大都市开放空间和对自然系统保护的需要;另一个方面是出于对景观本身的研究和认识的需要。在此基础上,景观生态规划的发展有赖于对景观作为生态系统的更加深入的科学研究,并使之建立在更科学的数据库和分析方法基础上。沿着这条途径,在理论与方法上,从朴素的和自觉的自然系统与人类活动关系的认识,并基于此而发展的区域和城市绿地系统和自然资源保护规划,到以时间为纽带的垂直生态过程的叠加分析,和基于生物生态学原理的生态规划,强调人类活动对自然系统的适应性原理,进一步发展到基于现代景观生态学的景观生态规划,从而强调水平过程与格局的关系和景观的可持续规划。同时,在规划的技术方面,随着各门具体自然地理科学及环境科学的不断发展,逐渐发展和完善了从手工的地图分层叠加技术,到 GIS 空间分析技术的应用。在近一个世纪的发展历程中,在社会需求、科学探索和技术发展三种力量的推动下,景观生态规划逐渐走向成熟,并在未来可持续人地关系的建立方面,发挥独特而关键性的作用。

1.2.3　土地利用变化与水文效应研究进展

1.2.3.1　土地利用/覆被变化及水文效应研究现状

对土地利用/覆被变化及其水文效应的认识,最早是从森林与水文变化开始的。早在 2000 多年前,《汉书·贡禹传》中就记载有"斩伐林木亡有时禁,水旱之灾未必不由此也"这样的话,在其他古代文献中也有类似的记载,说明我国古人早就认识到森林变化与水文循环有很大的关系。我国开展的森林水文研究始于 20 世纪 20 年代。1924—1926 年,金陵大学的罗德明和李德毅在山东崂山和山西五台山等地观测了森林对径流的影响,这是我国近代森林水文效应研究的开始。以流域为单元,研究森林对河川径流的影响开始于 19 世纪后期的欧洲和美国,都是在大量森林遭到砍伐从而引发了巨大灾害后进行的(李文华 等,2001)。当时研究的虽然是森林的水文效应,但实际已经包含了土地利用的概念。早期的研究主要是森林覆盖区域与森林清除区域水文变化的比较,20 世纪 60 年代,英国在威尔士中部 Plynlimon 集水区试验获得成功后,人们认识到土地利用对水文的影响,从而建立了苏格兰的 Balqunidder 集水区开展土地利用变化水文响应的研究(Whitehead et al.,1993)。

随着全球变化研究的深入和发展,各国科学家认识到土地利用/覆被变化是全球环境变化的重要组成部分和重要原因,随后国际地圈-生物圈计划(International Geosphere-Biosphere Programme,IGBP)和全球环境变化中的人文因素领域计划联合提出了土地利用和土地覆被变化计划。其中,国际地圈-生物圈计划的水文循环的生物圈方面(Biospheric Aspects of Hydrological Cycle,BAHC)和联合国教科文组织(UNESCO)的国际水文计划等,都以认识陆地生态系统与区域水文过程的耦合机制为核心内容(Likens,1996;NESCO,1997),并在全球选择了数个典型地区开展区域尺度的土地利用变化如何影响水文循环的观测研究(IGBP,1996),土地利用/覆被变化对径流的影响是其中的重要内容之一,其中最具代表性的研究是在哥伦比亚盆地开展的由美国国家环保局设立的哥伦比亚流域生态系统管理项目 ICBEMP(Interior Columbia Basin Ecosystem Management Project)研究计划(Kirschbaum et al.,2000),系统研究和定量描述 1900 年以来该区域土地利用/覆被变化对水文过程的影响。国际水文科学协会等组织也提出了相关的研究计划。从此,相关科学家在多个国家和地区从土地利用和水文循环的角度开展了系统、持续的研究,并在研究方法和结果方面取得了一定的进展。

关于土地利用/覆被变化对径流的影响,国际上已有的研究多数都是采用小流域集水区试验或长期观测的方法进行的(Bosch et al.,1982;Lφrup et al.,1998),这其中有相当一部分研究是因为受到水资源短缺、洪水和水土流失等问题困扰后进行的(Bellot et al.,2001;Bronstert,2001;Garcia-Ruiz et al.,1995),因而在人口较稠密、经济较发达的干旱半干旱地区研究的较多(Calder,2000),而在热带亚热带湿润地区研究得较少。

除了试验和观测的方法外,模型模拟的方法也越来越多地用于土地利用、水文响应的研究中(Klocking et al.,2002),这种研究方法多是基于径流形成过程进行的,根据某一区域影响径流形成的各种因素(如植被、土壤、土地利用、地形、降水等),探讨不同自然条件下径流的各种特征(Krause,2002)。利用模型模拟不仅可以在无实测数据的区域开展工作,减轻了研究的难度,还可以反映过去的情形和对未来进行预测(Klocking et al.,2002),因而具有很强的优势。最初多是应用集总式模型,这种模型将下垫面看成是均一无变化的,这就使研究的空间尺度限制在一个较小的范围内,难以反映下垫面变化的影响;当将中小尺度的研究结果尺度上推时,因空间异质性的变化而使结果的可靠性降低(Krause,2002),难以在土地利用对径流影响研究中应用。由于分布式水文模型考虑了下垫面的异质性,反映了地形、植被、土地利用、土坡、降水等的空间变化,可以在较大的空间范围内进行研究,从而越来越受到重视(王建群 等,2003;Troch et al.,2003),一大批分布式水文模型先后被开发出来(如SHE模型、SWAM模型、IHDM模型等)。各种分布式水文模型在土地利用对径流影响的研究中越来越多地被用到,其中SCS-CN(soil conservation servicer-curve number)模型是应用较多的模型之一。

由于分布式水文模型多用于尺度较大的区域,空间异质性较高,在实际模拟时,一般将下垫面细分成异质性较低的水文相似单元,将单元要素(地形、植被、土地利用、土壤、降水等)看作均一无变化的,以单元为对象分别进行研究,最后将各个单元的结果汇总作为区域结果(Krause,2002;Karvonen et al.,1999;Legesse et al.,2003)。模型模拟时多采用确定性的以月为时间尺度,以月降水作为输入,来分析径流的极值和时空分配及其变化(邓慧平,2001)。

分布式水文模型需要大量空间分布信息,而从DEM(digital elevation model)中很容易就能获得有关的大量信息,如坡度、坡向、水系、流域界线等,是流域地形、地物识别的重要的原始资料(Troch et al.,2003),基于DEM的分布式水文模型是数字化时代水文模型发展的主要方向(王中根 等,2003),也是土地利用水文影响研究中的主要方法。

随着计算机技术和空间探测技术的发展,遥感和地理信息系统应用越来越广泛和重要。遥感受自然地理条件和人为边界等的限制较少,可以直接或间接测得常规手段无法测到的水文变量和参数,可以提供长期、动态和连续的大尺度下垫面信息。因此,尽管现阶段还受到分辨率和图像解译精度等的限制,但在土地利用/覆被变化及水文响应研究中有广泛的应用前景(傅国斌 等,2001)。在大尺度综合研究中,经常需要处理海量的空间数据,地理信息系统可以存储、显示、处理、查询和输出具有空间属性的数据,有强大的空间信息处理功能,是信息处理的基础工具。随着GIS和RS的发展,其在土地利用和水文科学研究中的应用越来越广泛,也越来越重要,尤其在土地利用对径流影响的研究中,GIS和RS扮演了一个非常重要的角色(Hasegawa et al.,1998;Helmschrot et al.,2002;Lanza et al.,1997;Melesse,2002;Terpstra,2001;Weng,2001),可以预见,由于GIS和RS强大的功能,在今后的研究中,二者的作用将会越来越重要。

预测土地利用/覆被变化对径流的影响,关键是水文模型的应用。SCS-CN模型是应用较广泛的模型之一。该模型在1954年由美国农业部土壤保持局(United States Depaterment of Agricalture Soil Conservation Service,SCS;现改为自然资源保护局,Natural Resources Conservation Service, NRCS)建立,随后被各个国家和地区的科学家广泛应用。该模型是一种分布式水文模型,其目的是利用给定的一个参数(CN),用降雨作为输入来测量直接径流。在 1954 年由美国农业部土壤保持局出版的工程手册中,第一次介绍了该模型,但是没有说明建立模型的原理和物理基础。模型被大量应用,其主要优势在于:模型只有一个参数,简单易懂;只依靠一个参数(CN),因而比较稳定;可以对将来的情形进行预测;考虑下垫面的变化,因此不只是水文学家可以利用;可以和 GIS、RS 结合,发挥 GIS、RS 的优势。在已有的土地利用与径流关系研究中(史培军 等,2001;朱超洪,2005;郭宗锋,2005;孙艳群,2005;俞雷 等,2006),该模型都有较出色的表现。但是在四湖流域的应用还有待验证。

　　尽管已经发展出各种各样的方法,但是如何定量反映土地利用对径流的影响,迄今仍然是一个未能较好解决的难题,需要探索更好的方法来解决这一难题。已有的研究结果表明,土地利用/覆被变化影响年径流量,改变径流的时空分配,使最大和最小径流发生变化(Klocking et al.,2002);不同的土地利用方式对径流的影响也不一样,一般来说,在同样的降雨条件下,植被覆被越好的土地覆被类型(如林地),其持水能力越强,降雨径流响应时间长,雨季时的径流相对较小,旱季时的径流量则相对较大,较长的滞留时间使蒸散发增多,从而年总径流量减少(李文华 等,2001;Legesse et al.,2003);毁林开荒等破坏植被的土地利用方式可以使土壤持水量和区域蒸发散减少,降雨发生后径流以较快的速度流失掉,年径流量增多,而没有降雨时旱情更加严重(Bellot et al.,2001)。在雨量很多和雨量很少的地区,砍伐树木或清除灌丛造成的年径流增加都十分明显。在多雨区,由于降雨的截流损失,森林蒸发大于其他土地利用区的蒸发;在少雨区,森林蒸发很可能大于其他作物的蒸发,因为森林根系深,能充分吸收土壤储藏的水量。在热带雨林地区,如果将尺度扩大到年,湿润雨林能使所有的净辐射转变为蒸散发,任何其他形式的土地利用都不可能产生更高的蒸发,因此将雨林改变为其他形式的土地利用将导致年径流增加(Maidment,1993)。

　　土地利用变化对径流的影响还因降雨类型的不同而有差异。降雨强度和频度影响径流产生的方式(超渗产流、蓄满产流),强降雨因没有充足的时间下渗而以超渗产流为主,强度较小的降雨则有较充足的时间满足截留和下渗,然后以蓄满产流为主。暴雨损失主要是截留损失,土地利用/覆被变化改变冠层和枯枝落叶层的截留能力,所以土地利用对暴雨径流的影响较大,而对强度较小的降雨径流的影响较小(Niehoff et al.,2002)。但是,由于土地利用和径流过程都十分复杂,同一种土地利用方式对径流的影响因时间、地点、降雨类型和前期土坡湿度等因素的不同而不同,土地利用/覆被变化对径流的影响很难有一个较统一的结论(Lφrup et al.,1998)。

　　综上所述,在土地利用变化对径流影响的研究方法中,传统方法的局限性越来越突出。基于地理信息系统和遥感的分布式水文模型方法有强大的生命力,但还不是很成熟,各种模型适用的环境也不一样,需要探索更好的研究方法。土地利用变化对径流的影响因时间、地点、降雨类型、前期土坡湿度以及研究尺度等因素的不同而不同,各个研究的结果相差很大,有时甚至得出相反的结论,难以比较各个研究的结果。

1.2.3.2　土地利用变化与流域径流过程

　　地表径流是地表系统重要的水文过程,也是流域主要的水量平衡要素。径流的形成过程是个极为复杂的物理过程,主要分为流域蓄渗、坡面汇流和河网汇流等过程(梁学田,1992),如图 1-1 所示。

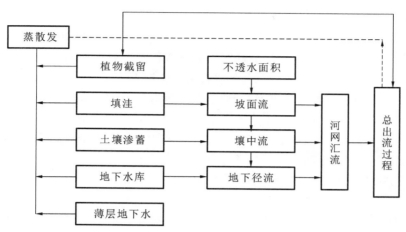

图 1-1　径流的形成过程

（1）流域蓄渗过程。降雨在形成地表和地下径流前的植被截留、填洼和下渗过程。该过程是在降雨开始后,发生在流域下垫面上的过程,与地表的植被覆盖情况,土壤条件,包括土壤湿润状况、土壤渗透能力等关系甚大。

（2）坡地汇流（坡地漫流）过程。当降雨满足了蓄渗损失量后,流域坡面上的水流向河网汇集的过程。汇流现象不仅仅发生于坡地表面,而且发生在坡地的整个空间。在坡面汇流过程中,坡面水流一方面继续不断地接受降雨的直接补给而使地面径流增多;另一方面又在运行中继续耗于下渗和蒸发,形成了补充的损失量。一般地讲,地面径流的产流过程与坡面汇流过程是难以截然分开的。在汇流过程中,地表的坡度、坡向条件和地表的粗糙度直接影响着地表汇流的时空分布。

（3）河网汇流过程。坡地漫流的各种径流成分注入河网后,沿河槽向流域出口断面的水流汇集过程。在径流形成过程中,该过程是河槽汇流中的不稳定水流过程,是河道洪水波的形成与运动过程。当洪水波全部通过出口断面,河槽水位及流量恢复到原有的稳定状态,相对于该断面以上的流域而言,一次降雨的径流形成过程即告结束。河道的容量和河床的粗糙度是该过程的主要影响因素。

（4）洪水泛滥过程。河水超出河道正常泄流能力而在洪泛区漫溢的过程。

由图 1-1 可以看出,土地利用可影响径流形成的各个阶段。地表的地形条件、土壤条件、植被条件、不透水面积等因素影响前两个过程,决定了降雨中能够形成径流量的大小和时空分布;而河流两侧河漫滩、河流阶地的土地利用情况影响了河网汇流的速度和时间分配,也间接影响了洪水是否能够形成;洪泛区的土地利用情况则影响了洪水在洪泛区的泛滥过程。从整个洪水形成的过程看,前两个过程是洪水形成的关键过程,降水量形成径流量的多少由这部分决定。因此,这里选择流域的产流过程为研究重点,从根本上反映土地利用变化的水文效应。

径流变化是土地利用/覆被变化水文效应的最突出表现。土地利用导致土地覆被变化,变化的土地覆被状况与近地表面的蒸散发、截留、填洼、下渗等水文要素及其产汇流过程密切相关。土地利用变化中植被变化是影响地面及近地表水文过程的土地利用变化要素之一。

1.2.3.3　土地利用变化的水文效应

人类活动对水文情势的影响,从其影响途径可分为直接影响和间接影响两大类。直接影响是指人类活动使水文要素的量、质和时空分布直接发生变化,如修建水库、跨流域调水、农作物灌溉、城镇供水及污废水处理等,都直接使水资源系统不断发生变化。间接影响是指人类经济活动通过改变下垫面状况及局地气候,以间接方式显著地影响水文循环的各个要素,如植树造林、发展工农业、城市化等(Maidment,1993)。而土地利用是人类活动对水文系统间接影响的主要表现,虽然这种影响常常是间接性的,但所引起的变化是持续的、长期的,甚至是不可逆的。土地利用主要是通过改变流域下垫面状况,使原来的产汇流条件及蒸散发条件发生变化,从而影响水循环的各个要素。

1)森林的水文效应

森林对河川径流具有重要的影响,这种影响体现在森林截留、蒸散发、土壤蓄水及下渗、坡地汇流等一系列的径流形成过程中,并最后在径流变化上显示出来。森林具有良好的持蓄水能力,具有减少地表径流、削减洪峰、减缓峰现时间和增加基流的调节作用。乱砍滥伐森林会使洪峰流量增加、枯水径流减少、土壤侵蚀和含沙量急剧增加,大规模的毁林开荒会改变局地气候,减少降水量。在中、小流域通常森林的拦蓄洪作用很明显,但对于大流域,其作用不明显,甚至起到相反的作用。

2)农业化的水文效应

农业化通过由天然状态转变为农业用地、农业土地利用方式的改变(耕作方式)、农业改良措施(如灌溉)、水土保持等对水文情势产生影响。农业耕地增加了土壤持水量和土壤蒸发,地下径流所占比例增大,使洪水过程平缓,起到削减洪峰的作用,但农业土地的利用,使其水文效应随着作物组成、耕作方式及管理水平的不同有着显著的差异。

3)湿地的水文效应

湿地是水陆相互作用的独特生态系统,在抵御洪水、调节径流、蓄洪防旱、控制污染等方面具有其他系统所不能替代的作用。湿地被疏干、破坏后,会引起一系列的生态负效应:湿地蓄水容量减少,使洪峰向下游推进;湿地向地下水补给水分的功能丧失,降低了地下水储量;湿生植被演变为中生或旱生植被,覆盖率降低,扩大了地表蒸腾蒸发,加剧了干旱化、盐渍化和风沙化程度,导致了区域环境恶化。在湿地水文方面,讨论了湿地的保水作用(陈刚起 等,1982;孟宪民 等,1999);在农田水文方面,讨论了不同作物种类、不同耕作方式与径流的关系(赵晓光 等,1998)。

4)城市水文效应

随着城市化的不断发展,城市化带来的水文效应也越来越明显。最早的城市水文效应研究开始于20世纪60年代,主要集中在城市化对洪水改变、总径流改变、水质改变和水文设施改变等方面;目前城市水文效应的研究主要集中在土地利用/覆被变化对径流等水文要素、非点源污染负荷效应影响等方面(赵安周 等,2013)。

(1)对水文要素的影响。在城市化的进程中,其最主要的改变就是城市地区不透水面积的增加,这种变化影响流域的径流、蒸散、基流等水文指标。Seth Rose等比较研究美国佐治亚州不同城市化流域,结果表明城市化流域的峰流产生量要比其他非城市化地区和城市化不明显流域高30%以上(Seth et al.,2001)。郑璟等利用SWAT(soil and water assessment tool)模型模拟了不同土地利用条件下深圳市布吉河流域的水文过程,结果表明城市化进程造成的土地利用变化对地表径流、蒸散发、土壤含水量和地下径流的影响较大（郑璟 等，2009）。

（2）对水质的影响。城市在发展过程中会伴随着用水量不断增加，一般认为当径流量利用率超过 20% 时就会对水环境产生很大影响，超过 50% 时则会产生严重影响（姜文来，2000）。

（3）对水体非点源污染的影响。非点源污染是指溶解性或固体废弃物等污染物在暴雨和径流的作用下，从非特定地点进入河流、湖泊、水库等水体中而引发的水体污染（贺缠生 等，1998b）。

1.2.4　四湖流域研究基础

对于江汉平原四湖流域的人地关系综合研究，国家和湖北省一直都非常重视，许多相关部门早在 20 世纪四五十年代就开始了多项研究。湖北省地质局水文地质工程地质大队、中国科学院、高等院校、长江科学院、长江航道规划设计研究院以及荆州市四湖工程管理局和荆州市长江河道管理局等分别从第四纪地质、地貌、水文以及环境地质各个方面进行过长江河道、堤防、河湖环境与洪涝旱灾形势的研究（荆州市长江河道管理局，2012；向治安 等，1993），"七五"期间就开展了四湖地区综合开发及生态对策研究，后来中国科学院武汉分院组织相关研究单位进行过四湖地区湿地农业持续发展的研究项目，是湖北省"八五"的重大攻关项目，以武汉大学等单位为首进行了四湖地区渍涝地排涝系统研究（周祖昊 等，2000）。

以中国科学院测量与地球物理研究所（现中国科学院精密测量科学与技术创新研究院）蔡述明研究员等专家、学者通过应用钻孔分析、环境磁学、河湖沉积物分析、遥感与地理信息系统并结合野外实际调查、大量的历史文献与考古资料对比等，系统地研究了江汉-洞庭湖平原河湖资源环境和区域开发问题（蔡述明 等，1982，1993，1996a、1996b，2000；易朝路 等，1998；易朝路，2001；杨汉东 等，1998）。王学雷（2001）曾从事过四湖地区湿地农业景观格局分析和湿地生态脆弱性评估与生态恢复等研究，李劲峰、李蓉蓉和李仁东（2000）利用遥感与GIS 技术进行过四湖地区湖泊水域萎缩、土地利用的动态变化及其洪涝灾害的研究等。

通过对四湖流域已有研究成果的分析，可以看出，四湖流域因其特殊的地理环境及在长江中下游地区所处的位置，引起了众多学者的关注，他们从各自的研究领域出发，对此地区做了大量卓有成效的研究，为四湖流域区域社会经济发展和生态环境保护提供了重要的科学依据。随着研究的不断深入和生态环境问题的不断显现，流域水问题日益突出和严峻，从流域整体的角度对四湖流域湿地水系统管理问题进行研究，愈来愈受到专家学者们的重视。

第二章

四湖流域自然概况与湿地环境演变

2.1 四湖流域自然概况

2.1.1 地理位置与区位

四湖流域地处江汉平原,东经114°05′~120°00′,北纬29°21′~30°00′,为长江与汉江及其支流东荆河之间的河间洼地区域,是江汉平原的主体部分,是长江中游一级支流内荆河流域的别称,因境内总干渠开挖时贯穿长湖、三湖、白露湖、洪湖等湖泊而得名。洪湖位于流域的下游,承接了整个流域的来水。四湖流域东、南、西三面濒临长江,北临汉江及其支流东荆河,西北与荆门、江陵的漳河灌区相连,以漳河总干渠与三干渠为界。四湖流域全境面积11 547.5km²,内垸面积10 375.0km²。在湿地农业发展过程中,四湖流域湖群历经围湖造田、江河阻隔、河道整治、水库修造以及水土保持建设等多阶段改造工程,湖泊变化剧烈,在长江中游地区具有典型性和代表性(表2-1、图2-1)。

表 2-1 四湖流域行政区划面积表 单位:km²

分类	荆州市					荆门市	潜江市	合计
	市区	江陵县	监利县	洪湖市	石首市			
内垸	134.5	2030.0	2500.0	2256.0	0	2098.0	1356.5	10 375.0
外滩	6.0	88.8	527.0	65.0	376.0	0	118.7	1172.5
合计	140.5	2118.8	3027.0	2321.0	376.0	2098.0	1475.2	11 547.5

资料来源:《四湖流域水管理与可持续发展综合研究》项目报告。

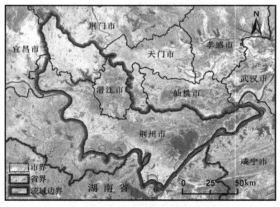

图 2-1 四湖流域地理位置图

2.1.2　气候气象条件

四湖地区属北亚热带湿润季风气候,光能资源充足,热量资源丰富,无霜期长,降水充沛,雨热同期。区内太阳年辐射总量为 440.0～460.9kJ/cm,无霜期为 254～267d。年平均气温为 15.7～16.6℃,地区分布从东南向西北递减,以洪湖、监利最高,平均气温分别为16.6℃和 16.3℃,荆州、荆门最低,分别为 15.7℃和 15.9℃;7 月为最热月,平均气温为27.8～28.9℃,1 月为最冷月,平均气温为－3.8～3.2℃。这里属我国东部季风气候大区、北亚热带农业气候带、长江中下游农业气候区。季风气候显著,表现出四季分明、降水充沛,农业气候兼有南北热带、温带某些特征。由于气候多样,适宜多种气候生态型生物生长繁衍。夏半年可种植喜温作物水稻(含双季稻)、棉花、玉米、甘蔗等;冬半年可种植喜凉作物小麦、油菜等。由于水热资源明显优于东北平原和华北平原,太阳辐射量虽有逊色,但又优于成都平原,且光、热、水基本同季,气候生产潜力大。

四湖地区降水充沛,各地年降水量在 1100～1300mm,年平均降水量以洪湖、监利最高,分别为 1336mm 和 1273.5mm,荆门最低,为 980.1mm。降水量地理分布呈东南向西北逐渐减少的特征。受季风气候的影响,四湖地区降水量年内年际变化均非常大,以监利县为例,1949—1994 年,年平均降水量为 1273.3mm,年际变幅为 858～2300mm,平均降水量年变率为 23%;多年平均月降水量最大值出现在 6 月,达到 206.4mm,最小值出现在 12 月,为37.1mm;在作物生长季节(4—10 月),降水量达到 960mm,占全年降水量的 75.4%。表 2-2列出了 5 个气象站点的气象特性统计值。

表 2-2　多年平均气象特性统计表

气象要素	站点				
	荆门	荆州	潜江	监利	洪湖
年降水量/mm	972.2	1079.7	1135.9	1231.2	1352.7
年蒸发量/mm	1723.9	1285.8	1246.4	1277.6	1326.9
平均气温/℃	15.9	16.2	16.1	16.3	16.7
平均日照/h	1931.3	1845.7	1880.3	1944.7	1941.5
相对湿度/%	74	80	81	82	81
无霜期/d	261	255	252	254	265
风速/(m·s⁻¹)	3.3	2.3	2.4	2.5	2.7

2.1.3　水系特征及水文分区

四湖流域水系复杂、河网纵横,根据其排灌特点分为上、中、下三大排区。其中上区包括长湖、田关河以上地区,汇流面积为 3240km²,主要河渠有太湖港、拾桥河、观桥河、龙会桥、广平港及夏家冲等,均汇入长湖调蓄。长湖洪水则通过刘岭闸经田关河入田关闸、泵站排入东荆河,或自习家口闸排入总干渠。长湖、田关河以下,洪湖、下新河、洪排河以上区域为中区,汇流面积为 5980km²。下区包括洪湖、下新河、洪排河以下地区,汇流面积为 1155km²。

流域水系以四湖总干渠以及西干渠、东干渠、田关河、螺山干渠和洪排河为输水骨干。内有洪湖、长湖两个调蓄洪水的大型湖泊,正常水面面积分别为 332.7km² 和 157.5km²。流域内建有 33 个主要灌溉引水闸、4 座排水闸、17 座一级泵站和 754 座二级泵站(图 2-2)。

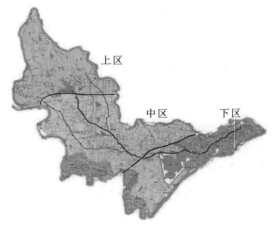

图 2-2 四湖流域水文分区图

2.1.4 水资源与水文状况

2.1.4.1 水资源

1)地表水资源

四湖地区地表水资源丰富,特别是在 5—9 月汛期地表径流量最大,根据统计,流域上区多年平均降水量为 1032mm,径流深 451.1mm,地表水资源量为 $1.345×10^9 m^3$;中下区是平原地区,多年平均降水量为 1230.7mm,径流深 418.7mm,地表水资源量为 $3.478×10^9 m^3$。

2)地下水资源

四湖流域地下水资源主要为第四系松散岩类孔隙水,划分为孔隙潜水和孔隙承压水。其中松散岩类孔隙潜水含水层厚度为 $3～10m$,水位埋深 $0.5～5.0m$;松散岩类孔隙承压水分布于平原区,伏于全新统孔隙含水层之下。含水层厚度在江陵、潜江、监利一代为 $50～90m$;沙洋一带为 $30～50m$。含水层顶板埋深 $5～15m$,水位埋深 $0～7m$,钻孔单位涌水量为 $10～20m^3/h·m$。地下水资源总量约为 $1.42×10^9 m^3$。

3)过境客水

四湖流域基本被长江、汉江、东荆河、沮漳河等环绕,过境水量十分丰富,尤其是长江,一般年份沙市站最小流量都在 3000m³/s,各代表站多年平均流量和径流量见表 2-3。

表 2-3 四湖流域过境水资源量统计

站点	过境江河	多年平均流量/(m³·s⁻¹)	多年平均径流量/10⁸ m³
沙市	长江	12 450.0	3926
螺山	长江	20 430.0	6443
沙洋	汉江	1550.0	489
潜江	东荆河	148.0	47
河溶	沮漳河	47.6	15

2.1.4.2 水文状况

四湖流域处于长江中游,土地肥沃,雨量充沛,河网密布,但是地面高程多低于外江洪水位,防洪安全依赖堤防保护。四湖地区降雨径流的特点是径流过程线峰形平缓,雨量是决定径流深的主要因素(雨强作用不太明显)、土壤湿度对降雨径流有着直接而明显的影响。

欧光华等(2008)根据四湖流域中区福田寺站降雨径流关系分析了四湖流域的水文特性。福田寺站位于四湖流域中部,集水面积为 2994km²,控制着东干、西干和总干渠的入流,流程 86km,经统计 1980—1996 年 83 场洪水,计算逐日面雨量,一场降雨的面雨量与径流深的关系如图 2-3 所示。可以看出,四湖流域降雨-径流保持着良好的相关关系,可以认为雨量是决定径流深的主要因素。

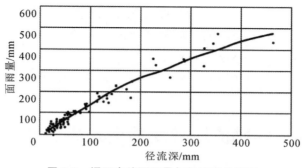

图 2-3 福田寺站面雨量与径流深关系图

四湖流域是一个典型的湿润地区,该地区的径流特性可以从理论上得到解释。雨水降落的土壤表面,下渗为土壤所吸收,随着土壤水分的增加,下渗能力迅速降低。当土壤含水量超过田间持水量的时候,在重力作用下向下运动,补给地下水。土壤的渗透特性反映了流域土壤的蓄水能力是随着降雨的过程、土壤的前期蓄水能力等变化的。土壤水分的蒸发过程则是土壤饱和时在土壤表面进行,土壤含水量降到田间持水量以下时,蒸发率减小,当土壤含水量降至毛管破裂含水量以下时,水分蒸发缓慢进行,一直持续到凋零系数。土壤的这种特性,反映土壤在不同的含水量下地下水库的容积是不相同的,在土壤含水量的不同区间内,地下水的出流能力也是不同的。

2.1.5 地貌与土壤类型

四湖流域属我国长江中游平原湿地类型的重要组成部分。本区地势自西北向东南倾斜,地面高程为 20~120m,略呈周边高、中间低的凹形地带。西北部地势较高,由 40~120m 的低丘、低岗组成。中部及东南部为平原湖区,高程为 20~35m,占地面积 82%。地貌可划分为低丘陵、岗地、平原三大类,地貌分区有丘岗区和平原湖区两大块,其中丘岗区面积为 2360km²,占总面积的 22.7%,湖泊水域面积约占全区总面积的 7.3%。从宏观上看,全区地貌类型比较单一,境内以冲积、湖积平原为主,平原约占全区面积的 62.8%(表 2-4)。由于大小湖泊星罗棋布、江河干支流纵横交错,因此基本上是由一系列河间洼地构成,具有"大平小不平"、微域地貌形态分异明显的特点。不仅沿江高亢平原与河间低湿平原的组成物质及形态有较大的差异,而且河间低湿平原内部为湖泊和湖垸所构成,亦具有四周高、中间低,呈盆、碟形态的特征。

表 2-4　四湖流域地形分类表

地形分类	面积/km²	百分比/%	备注
丘陵	2360	22.7	
平原	6518	62.8	不包括洲滩民垸
洼地	742	7.2	1172.5km²
湖泊	755	7.3	
流域面积	10 375	100	

　　根据土壤分类的原则和依据,结合四湖流域地区的实际情况,此区土壤划分为 8 个土类、18 个亚类、63 个土属、292 个土种。洪湖流域地处南北过渡带,具有中亚热带向北亚热带过渡的生物气候特点,母质多样,地形复杂,形成的土壤既有地带性红壤、黄棕壤,也有非地带性潮土和水稻土,以及石灰(岩)土、紫色土等岩成土,这些土壤在空间的地理分布上仍有一定的规律性。由于本区山体相对高差不大,又以平原湖区和缓丘分布面积最大。

2.2　四湖流域环境演变与生态脆弱性

2.2.1　湖群环境与江湖关系演变

2.2.1.1　湖群环境演变

　　四湖流域地处江汉湖群的核心区域。江汉湖群发育于江汉沉降带上,以华容隆起为界,北为江汉盆地,南为洞庭盆地。中生代时期,强烈的褶皱和断裂运动导致江汉湖区和洞庭湖区周围的地面升高,湖区的地面下降,形成江汉-洞庭凹陷,为湖泊形成提供了构造基础。在渐新世晚期和中新世中期的喜马拉雅运动时期,断裂以震荡和断块继续活动,断层也继续发育并受到侵蚀切割,长江水系形成,淡水湖出现,河湖交替发育。上新世末期至更新世初期的喜马拉雅运动第二幕又进一步加剧了江汉盆地的沉降和周边地区的上升,汉水进入江汉平原,决口扇外发育不稳定湖泊。

　　进入全新世以来,江汉湖群经历了两个发展阶段(徐瑞湖 等,1994),第一个阶段是湖群的兴盛时期,距今 10 000—2500 年,属于湖群的自然演变阶段;第二个阶段是湖群的衰亡时期,距今 2500 年,属于自然-人工复合演变阶段。

　　在晚更新世末期,由于气候寒冷干燥,海平面下降而平原地区又处于相对抬升期,导致长江和汉水等水网切割冲刷平原,湖泊在河道间的洼地形成。在早全新世,气候转凉偏湿,江汉平原及其上游降水量增多,长江和汉水水面上升,由于漫流和泥沙淤积作用,枝江-沙市段的长江故道淤塞成湖,沙市以下河段,在大洪水年份,江水冲破堤岸,在两岸低洼处形成洪泛沉积;而汉江由于长江水位顶托和汉江水流挟带泥沙沉积,逐渐由平原北侧边缘经汉口入江改道至平原中部,形成向南凸出的河道,并发育洪泛沉积。在中全新世期间,气候暖热湿润,海平面上升,江汉平原以断块沉降为主,而长江和汉江水面抬高,因而经常发生洪水分流或漫过堤岸将悬浮物质冲淤在原分流汊口或冲沟谷口,形成壅塞湖,如后湖、陈家湖等(徐瑞湖 等,1994)。在长江、东荆河、汉江等河流两岸高地之间的洼地,距离河床较远,洪泛沉积物较少,成为地表径流和地下水的汇聚地,容易积水成湖,如四湖、大沙湖、排湖、汈汊湖等,称为河间洼地湖。这一时期是江汉湖群发展的鼎盛时期,湖泊面积达到 12 250km²,在洪水泛滥时,河道迁移,大小湖泊连成一体,在洪水后,水位回落,洲滩出露,水体分割成许多湖泊。人类在 6000 年前开始在江汉平原高亢地带活动,但其生产方式以刀耕火种为主,对于自然环境的影响微乎其微,因此,这一时期长江水网和江汉湖群主要受地质气候等自然因素的影响,以自然的方式发育演变。

大约在公元前 1100 年,楚文化在江汉平原兴起,农耕活动对河湖环境演变产生了较大影响,当气候干冷少雨时,河床下切,湖滩出露,人们围湖垦殖。在气候温暖多雨时,多发洪涝,人们筑堤围垸,开沟挖渠,疏通水道,防御洪水。

公元前 600 年—公元 150 年的温暖湿润时期,由于荆江三角洲的发展,在沙市以下有杨水、夏水和涌水三条向东分流水系,这些分流河均有多个"穴口"分洪。为了战争、交通和农业灌溉的需要,在楚令尹孙叔敖统领下开挖杨水运河,从江陵西南引荆江水循杨水于潜江县西北注入汉江,由于水流畅通,洪涝灾害较少。

公元 150—600 年,气候干偏冷,是江汉平原的垦殖发展时期,也是河湖偏离自然发展时期。222—284 年,沟通荆江—长湖—汉江的杨水、夏水道和连通长江与洞庭湖的调弦河开挖建成,加之盆地在北、西两面的掀斜抬升作用下,北支流杨水、夏水、涌水相继壅塞成泛滥河道,桓温在东晋永和元年(345 年)修建了全堤,使流水逐渐南移归并荆江为主流河道,从而水位抬高,河湖分离,使"云梦泽"趋向消亡,大片湖沼变成几个大湖,如大产湖、马骨湖、太白湖等。长江、汉江及其支流汉道两旁,由于洪水泛滥又形成众多小湖,如赤湖、船官湖、女观湖等,从而使河湖环境开始偏离自然演变方向。

唐代安史之乱(755—763)后,战争迫使大量民众南迁,江汉平原人口剧增,围垦加剧。如唐德宗建中二年至贞元八年(782—792),堵塞江陵东北 35km 处的两决口,增良田 5000 顷(约 333.33km²)。五代南平王高季兴开平元年(907 年)筑高氏堤,自荆门麻山经江陵东延至潜江境内,长约 65km。南宋乾道年间(1165 年前后)为沙市泛陵的防水护城,建筑寸金堤,长约 10km。北宋端拱元年(988 年)修通荆南城东至汉江漕河。由于修建堤防,长江、汉江河道已基本定型。围垦及江湖分离致使有些大湖变成沼泽或陆地,有的则萎缩,如南朝以前的几个大湖,大产湖已消失,马骨湖仅存周围 7.5km² 小湖,太白湖也日益萎缩,到北宋初期"云梦泽"基本消失。

11 世纪以来,中国气温一直相对变冷干,年均温度比现今低 1~2℃,降水量减少,湖面逐渐缩小,这时北方战乱,江汉平原移民数量增多,耕地不足,由此加剧了对江汉湖群的围垦。因过度垦殖,加重了洪涝灾害,为了防洪排涝,明代中期又大兴水利,荆江"九穴十三口"堵塞,荆江大堤连成整体。这一时期江汉平原的大规模围垦,使荆北湖泊解体消亡,又使荆江水位迅速抬升,洪水频发,荆江堤束水,迫使荆江水南攻溃口,南束洪水冲开虎渡河。清代中叶溃口形成藕池河,清末形成松滋河。

1949 年以来,江汉平原人口猛增,导致向湖面争地。为防御洪水旱灾,大兴水利事业。上游建坝调节洪水,加固培高江堤,建成分洪工程和分洪区,完成荆江的裁弯取直,建成较完善的排灌渠道闸门系统,江湖关系进一步受到人为制约。水利设施的兴建为围垦创造了条件,20 世纪 50 年代以来的三次大规模围湖造田高潮,分别是 1957—1962 年、1963—1971 年、1972—1976 年(肖飞 等,2003),促使湖泊进一步分解、缩小,甚至消亡。

2.2.1.2 江湖关系演变

江湖关系的演变与江汉湖群的形成发育密切相关。根据前述江汉湖群的演变历史来看,江湖关系演变可分为三个阶段。第一个阶段是全新世以前长江水系形成,湖泊初现阶段。这一时期由于地质构造运动,长江水网及湖泊初步形成,河湖交替频繁,河湖关系极不稳定。第二个阶段是早全新世和中全新世期间,江湖关系自然演变时期。这一时期受气候影响,长江和汉江水网切割平原,河道摆动,河水漫流促使在河流两岸及河道之间形成大量壅塞湖和河间洼地湖。当气候温暖湿润,洪水泛滥,河湖一体,形成大片汪洋;当气候干旱时,水面退却,河湖自然分离。江河湖之间的交流完全受自然因素的控制,江湖联系紧密。第三个阶段是晚全新世以来的自然与人类活动共同作用时期。人类活动主要表现为干旱期的围垦,洪水期的挖沟筑堤、河道改造等。这些行为使得江汉平原上的水网格局发生变化,部分湖泊与江河割断,江湖之间的交流减弱,江湖关系脆弱。湖北境内的 40 多个大中型湖泊中大多数是在 20 世纪 60 年代变为阻隔湖的(表 2-5)。

表 2-5 20 世纪 50 年代以来江汉平原通江湖泊的变化

时期	通江湖泊(>0.1km²)		阻隔湖泊(>0.1km²)	
	面积/km²	数量/个	面积/km²	数量/个
20 世纪 50 年代	6368.1	1015	773.8	91
20 世纪 60 年代	440.6	73	5078.7	579
20 世纪 70 年代	0	0	2990.6	990

注:阻隔湖泊是指与江河失去了自然联系的湖泊。

2.2.2 平原湖区湿地功能及生态脆弱性

2.2.2.1 平原湖区湿地的主要功能

平原湖区湿地应包括湖泊、河流、库塘、水稻田、沟渠等。在这些湿地类型中,湖泊湿地由于地处平原低地,汇聚着流域内的河流、沟渠来水,且湖泊面积广大,相对于水库等湿地类型,其在防洪抗旱方面具有更为重要的作用。

江汉平原湖区处于典型的季风气候区,降水季节和年度分配不均,湖区地势低洼,当汛期来临时易发生洪涝灾害,通过天然和人工湿地的调节,储存来自降雨、河流过多的水量,从而避免夏季发生洪水灾害,同时保证冬春季节工农业生产有稳定的水源供给。据测算,仅江汉平原面积大于 3.3km² 的大中型湖泊有 124 个,总面积为 2734.1km²,容积达 $8.72 \times 10^9 m^3$,可调蓄水量为 $3.062 \times 10^{10} m^3$。

四湖流域的长湖和洪湖是能在汛期发挥重要调控洪水作用的湖泊湿地。四湖地区是江汉湖群的最大湖区,湖泊面积占整个湖群的 1/3。其中,长湖和洪湖分别是四湖流域上游和中下游的调蓄湖泊。

长湖为四湖流域的上区,长湖为处于丘陵与平原交界地带的岗边湖。长湖流域直接入长湖汇流面积有 2265km²,若计入可倒灌入湖的上西荆河(田北片),集水面积达 3240km²,

是四湖流域洪水(内洪)的主要来源。长湖主要调蓄四湖流域上区的洪水,不让其下泄至四湖流域中下区,实现高水高排的目的。一般5—7月长湖起调水位为30.5m,8—9月起调水位为31m,以预腾湖容;暴雨时田关泵站开机排田,长湖流域来水入湖调蓄,当长湖水位达到32.5m,且后续有大雨,此时田关站转入排湖;长湖流域暴雨频率超过10年一遇时,利用备蓄区蓄洪,仍不向中区泄洪。长湖是四湖流域上区核心调蓄水体,具有十分重要的作用。

洪湖汇水区的地面径流主要通过四湖总干渠汇入湖泊,由若干涵闸对湖泊水位和水量进行调控,经内荆河等河闸与长江相通。洪湖水位的涨落变化,主要取决于四湖流域降水与汇水区的来水,周年变化趋势与长江水位的动态变化同期。据现行采用的统计,以洪湖为调节中心的统排面积约为 $4.64 \times 10^5 hm^2$,一级外排能力为482m³/s。以最高水位27m计算,洪湖的调蓄容积可达 $1.5495 \times 10^9 m^3$。

湖泊湿地不仅包括常年蓄水的湖盆主体,还有各种湿生植被的湖滨地带也是其重要组成部分。这些植物可以截留、吸收、转化部分进入湖泊的污染物质,对水质的净化作用也较其他湿地类型明显。因此湖泊湿地在水灾害的防治方面更具优势。

2.2.2.2 湿地生态脆弱性特征

四湖流域平原湖区湖泊湿地普遍面临的生态问题有水面萎缩、泥沙淤积导致的容积下降、调蓄功能减弱,生物多样性降低、生态功能减弱等,其湿地生态系统表现为脆弱和不稳定特征。主要是因为人类活动的影响,表现为修建堤防和围垦。人们开始认识到,湿地的退化也加重了平原湖区的洪涝渍害。

中国科学院精密测量科学与技术创新研究院及环境与灾害监测评估湖北省重点实验室利用1950年以来的各个时期的地形图和遥感影像等相关信息源,采用GIS和RS技术对江汉平原海拔50m以内的湖泊数量和面积进行量算,量算结果具有较大的可比性。在此利用这两类数据说明江汉湖群湖泊萎缩情况(表2-6)。

表2-6 江汉湖群不同时期湖泊数量和面积统计表

时期	合计		大于33.33km²		6.67~33.33km²		0.67~6.66km²		0.10~0.66km²		小于0.10km²	
	数量/个	面积/km²	数量/个	面积/km²	数量/个	面积/km²	数量/个	面积/km²	数量/个	面积/km²	数量/个	面积/km²
20世纪50年代	1309	8503.7	41	4708.2	162	2376.0	561	1269.8	545	149.7	—	—
20世纪60年代	656	5470.9	24	3215.6	101	1465.8	312	718.1	174	68.0	45	3.4
20世纪70年代	972	2946.3	15	1541.4	57	821.3	232	475.8	308	95.4	360	125.0
20世纪80年代	838	2977.3	16	1529.5	62	776.8	283	546.3	477	124.7	—	—
20世纪90年代	1095	3470.1	20	1975.7	58	915.4	217	437.1	473	123.2	327	327.0
2000年	1165	3210.2	18	1766.5	59	888.3	202	405.0	492	128.3	394	22.1

注:邓宏兵等(2006)。

区内原洪湖、长湖、白露湖和三湖在 20 世纪 50 年代共有 1158.8km²，现今白露湖的面积仅存 6km²，而三湖已基本被围垦完毕，4 个湖泊总面积不足 500km²。20 世纪 60 年代四湖片区湖泊的调蓄能力有 3×10^{10} m³，20 世纪 90 年代初却只有 6×10^9 m³。通过比较 1980 年和 1996 年的调蓄情况（表 2-7）可知，在降水量减少，排水量增多的情况下，湖泊面积减少 12％，调蓄量就减少 13％，淹没面积增加 2.6×10^3 hm²。可见，湖泊萎缩会减小防洪排涝减灾能力。

表 2-7　四湖流域不同时期湖泊面积和调蓄量的变化

年份	湖泊/ 10^4 hm²	降水量/ mm	产水量/ 10^8 m³	排水量/ 10^8 m³	调蓄量/ 10^8 m³	超额水量/ 10^8 m³	淹没面积/ 10^4 hm²
1980	8.6	592	41.26	23.21	9.18	8.87	4.33
1996	7.6	540	42.70	25.39	8.00	9.41	4.59

水污染是江汉湖群湖泊退化的另一个重要表征，是退化生态系统在水环境因子方面的异常变化。江汉湖区人口众多，工农业发展迅速，由此产生的各种污水通过各种途径进入湖泊，加上水产业养殖造成的内源污染，使江汉湖群湖泊的水质恶化，有不少湖泊出现富营养特征。

在江湖阻隔、河湖关系变化、水质恶化等外界干扰因素影响下，湖泊生态系统的生物因子比如种类、数量、种群结构等发生变化，引起生物多样性降低等。生物组成、结构的动态变化也是湖泊生态系统退化的又一表现。

2.2.2.3　湿地生态环境脆弱成因分析

四湖流域生态脆弱性是环境自然变化和人类活动影响的叠加结果，随着人类向自然环境索取能力增强，人类活动通过叠加在自然变化背景上的影响程度日趋增强，并已上升为生态环境脆弱演变的主导力量，成为湿地生态环境脆弱的病灶和决定性因子。这里将影响四湖流域湿地生态脆弱的因素分为自然因素和人为因素两大类。

1) 自然因素

（1）地貌脆弱因子。江汉平原地势平坦、湖泊密布、河网交织、堤垸纵横。由于河流泛滥冲积作用和人类活动的影响，使地表略有起伏，一般沿长江和汉江及东荆河等大河两岸地势稍高，而河流之间及平原边缘地带地势低洼，成为湖沼洼地带。由于地势低洼，这一地区历来为受水地带，从而为荆江洪涝灾害的频繁发生提供了有利的地貌条件。同时，四湖流域在地质构造运动中长期处于不均匀下沉状态。四湖流域湖区独特的地貌类型及其地貌过程，均易造成湿地生态环境脆弱的形成与演替。

（2）气候脆弱因子。江汉平原湖区位于典型的亚热带季风区，受东南季风、西南季风、副热带高压及西风带环流综合影响，具有不稳定的天气系统。江汉平原湖区年降水量在 1100～1300mm，主要集中在夏半年，在 5—7 月分别进入早期梅雨集中期和典型梅雨集中期。此时由于雨量集中，暴雨频频发生，出现洪涝的可能性最大。

（3）水文脆弱因子。水文脆弱因子包括地表水系（河流、湖泊）和地下水系对湿地生态系统影响的因素。四湖流域河湖水网密布，水资源丰富，地表径流量大，但由于降水的时空分布不均，地表径流量不稳定，常常造成地表径流集中而形成洪涝灾害，来水不足而形成干旱威胁,尤其是春旱;由于平坦开阔的江汉平原的西、北、东三面环山,四湖流域境内许多水系发育于山区,地表径流从上游地区带来的泥沙淤积在江汉平原湿地区域,改变了四湖流域的水系格局。而湖泊还存在着自然演替过程,易导致水域环境的异变,如湖底高出垸田,垸内易积水成泽;湖盆变浅,水位壅高;洪道淤塞,过水断面缩小等。地下水系受到区域微地貌形态和境内外河流、湖泊水系补给关系的影响,四湖流域湖区地下水位埋深较浅,易造成土壤渍害化。因此地表水系和地下水系的影响常常造成四湖流域湿地生态系统的不稳定。

2)人为因素

自然环境的演化有其自身的规律性。由于人类活动的参与或干扰,改变了自然环境变化的趋向和速度。历史时期以来,人类活动对长江流域环境的演变有着深刻的影响,特别是到了现代,这些影响愈加明显。

(1)过度围湖造田。自南宋以来,人类在江汉平原湖区开始了较大规模的垦殖。明朝中叶出现第一个开发的高潮。清初发展迅速,到了中叶,垸田开辟出现了第二个高潮。晚清时,盲目围垦达到恶性发展的程度。20世纪50年代,出现了一个大规模围湖垦殖的局面,形成自宋以来的第三个高潮。围湖垦殖使江汉平原湖泊面积锐减,导致这一地区河湖系统紊乱,造成内蓄外排比例失调,渍涝不断,引起种、养、蓄、运之间的矛盾。

(2)过度利用湖泊资源。江汉平原四湖流域的许多湖泊,由于过量放养草食性鱼类,水生植被被彻底破坏,出现水体荒漠化。在水体食物链中,初级生产力这一能量和物质输入的环节被阻断,天然水生生物资源贫乏,必须要有人类长期的物质输入才能维持一个简单的鱼类区系及湖泊湿地生态系统的物质能量平衡。但同时又会导致湖泊的富营养化现象。

(3)超标污染物排放。江汉平原人口密度较大,工业企业(特别是乡镇企业)较为发达,蓬勃发展的乡镇企业带来的超标污染物排放,农业生产中农药、化肥的大量普遍使用,城市污水的排放等造成较严重的环境污染。对于湖泊湿地来说,上述污染物的排放加上规模化的湖泊养殖所带来的湖泊污染和富营养化问题日趋严重。这样使得江汉平原湿地生态系统和湿地功能受到破坏。

第三章

四湖流域土地利用变化及其水文效应

20 世纪以来，人类活动已经成为影响全球变化的最主要驱动因素，其中由于人类活动所引起的最为突出的变化就是土地利用变化，最突出的利用方式是将自然生态系统转化为农田用地或者建筑用地。位于江汉平原腹地的四湖流域是湖北省的粮仓，也是我国重要的商品粮生产基地之一，它是长江干流沿江经济带的重要组成部分。由于其所处的特定地理位置、周高中低的地形特征以及复杂的江湖关系，使得四湖流域成为我国受洪涝灾害威胁最严重的地区之一。

这里以 GIS、RS 和数字水文模型的应用为主要技术手段，利用三期的 TM（thematic mapper）影像为基础数据，研究四湖流域土地利用的动态变化。在此基础上，应用 SCS（soil conservation service）模型分析土地利用变化对该区降雨-径流关系的影响，并分析不同土地利用方式下对地表产流的变化。研究结果将在水文预报以及区域水资源评价等方面得到广泛应用，对该区湿地保护、水资源调控的规划与决策具有重要意义。

3.1　研究方法与数据源

3.1.1　土地利用变化研究方法

3.1.1.1　土地利用分类系统

土地利用分类系统参考《国家级基本资源遥感动态信息系统本底数据库建设技术规程（1997 年度试行稿）》（以下简称《规程》）。采用土地利用三级分类系统：一级分为 6 类，耕地、林地、草地、水域、建设用地和未利用土地；二级分为 19 类；在耕地二级类型水田和旱地中，根据水田和旱地所处的地形地貌条件进一步细分为 8 个三级类型（李仁东 等，2003）。

3.1.1.2　土地利用研究方法

为了求得四湖流域不同时期的土地利用状况，本书采用遥感与地理信息系统一体化的信息提取方法。

首先分类建立土地利用遥感调查分类系统。分类系统及含义见《规程》。然后用 2000 年的 TM 影像，经过几何纠正，假彩色合成后，建立判读标志，经图像屏幕判读，并在 Arc/Info 软件平台上，建立制图比例尺为 1∶10 万的土地利用本底数据库。最后再进行有关外业调查检验工作（李仁东 等，1998；王宏志 等，2000）。

建立本底数据库后，再检测动态变化。在这一过程中，首先将 2005 年获取的待分析的新图像与土地利用本底配准，配准误差小于 1 个像元，然后将本底图形叠加于新图像之上，检测并勾绘土地利用/覆被变化图斑，赋予每个变化图斑 6 位数的编码，前 3 位表示本底土地利用类型,后 3 位表示新时期土地利用类型。变化检测的工作是在 Image Analyst 环境下完成的。最后将变化图斑导出,在 Arc/Info 软件中,建立土地利用变化数据库,并统计变化信息。正是这种人机交互全数字化的作业方式,保证了不同时期土地利用数据的一致性,并具有相同的数据标准与技术规范,进而保证了动态监测数据的精度。

本书利用 GIS 空间分析技术,提取各期土地利用变化数据,分析不同时段土地利用变化特征及其空间分布特征。并从土地利用变化的区域差异和土地利用类型转化等方面进行讨论。

3.1.2 水文响应研究方法

一般来说,地表径流统计数据多从遍布流域各地的水文站的监测得到,通过河流断面一段时期以来的流量可计算流域范围的地表径流量。但是这种方法只能对流域范围内的地表径流进行总体把握,而无法对更为细小的地表单元产流能力进行分析。众所周知,降雨是产生径流的前提,但除此以外,径流的产生还受到多种地表因素的影响,比如土地利用类型、土壤水文特性等。目前,通过遥感这一手段监测地表土地利用变化已经较为成熟。在此基础上,国外很多学者开始利用遥感技术获取地表土地利用现状,模拟径流产生的下垫面基础,结合其他影响因子,建立模型来研究地表径流。

在使用的模型中,最为成熟的就是美国农业部水土保持局 20 世纪 50 年代研制的小流域洪水模型,即 SCS 模型,该模型在降雨和径流的关系上考虑流域下垫面条件,预估降雨与径流的变化。目前,SCS 模型在美国及其他一些国家得到了广泛的应用,并处于不断改进和完善之中,特别是在小流域工程规划、流域水土保持及防洪、城市水文、土地房屋的洪水保险及无资料流域所遇到的各种水文问题中应用,取得了较好的效果。

SCS 模型是从研究径流产生的整个自然地理背景入手,揭示产流的数量关系,即从径流赖以形成和发展的基础——水文下垫面来研究暴雨和径流的数量关系。

3.1.2.1 SCS 模型应用

SCS 模型得到广泛应用,主要的应用特点有以下几个方面。

(1)在降雨-径流关系上,SCS 模型考虑流域下垫面的特点,如土壤、坡度、植被、土地利用等,及其时空变化对降雨-径流关系的影响,并且能将其作定量描述,这是其他许多水文模型难以相比的。由于该模型涉及大量的下垫面参数,在水文模型参数和遥感信息之间建立了直接的联系。20 世纪 70 年代,美国人 Ragan R. M. 和 Jackson T. J.(1980)首次将遥感资料用于 SCS 模型中。

(2)它可以应用于无资料流域。

(3)它能考虑人类活动(如土地利用方式及管理水平、水利工程措施、水土保持活动及城市化等)对径流的影响,也就是说它能针对未来土地利用情况的变化,预估降雨-径流关系的可能变化。

(4)模型结构简单,使用方便。例如,产流方面就只有一个参数。

3.1.2.2 SCS 模型原理

SCS 模型有 4 个假设条件。

(1)存在流域洼地和土壤的当时最大可能滞留量 S。

(2)集水区的实际入渗量(F)与实际径流量(Q)之比等于集水区该场降雨前的潜在入渗

量(最大可能滞留量 S)与潜在径流量(Q_m)之比。

(3)假定流域的潜在径流量(Q_m)为降水量(P)与由径流产生前植物截留、初渗和填洼蓄水构成集水区的初损值(I_a)的差值。

(4)I_a 与 S 之间存在线形关系。

SCS 模型在基于假设(2)的基础上建立起来,即

$$\frac{F}{Q}=\frac{S}{Q_m} \tag{3-1}$$

由假设(3)可以知道

$$Q_m=P-I_a \tag{3-2}$$

而实际入渗量为降水量减去初损值和实际径流量,那么有

$$F=P-I_a-Q \tag{3-3}$$

根据假设(4),可得经验公式:

$$I_a=0.2S \tag{3-4}$$

根据式(3-1)、式(3-2)、式(3-3)、式(3-4)可以得出,在 SCS 模型,降雨-径流最终关系为:

$$Q=\frac{(P-0.2S)^2}{P+0.8S} \tag{3-5}$$

式中,S 为流域当时最大可能滞留量,mm;P 为降水量,mm;Q 为实际径流量,mm。

式(3-5)是目前许多情况下实际使用的 SCS 模型产流公式,其中,S 值的变化幅度很大,不便于取值。为解决这个问题,模型制作者引入一个无因次参数 CN,称为曲线号码(curve number),并规定关系如下:

$$S=254\left(\frac{100}{CN}-1\right) \tag{3-6}$$

CN 是反映降雨前流域特征的一个综合参数,CN 的变化值在 0~100,但在实际条件下 CN 值在 30~100 变化。

3.1.2.3　SCS 模型参数

CN 是 SCS 模型最主要的参数,该值反映了流域内土地利用类型、土壤类型和前期土壤湿润程度(antecedent moisture condition,AMC),是下垫面产流能力的综合反映。在通常情况下,当降雨达到一定程度的时候,下垫面的产流能力越强,CN 值就越大。根据土壤最小下渗率及土壤质地的不同,SCS 模型将水文土壤类型划分为 A、B、C、D 四组,其渗透性依次降低。其中 A 组主要是一些具有良好透水性能的砂土或砾石土,渗透性很强,潜在径流量很低,土壤在水分完全饱和的情况下仍然具有很高入渗速率和导水率;B 组主要是一些砂壤土,或者在土壤剖面的一定深度具有一层弱不透水层,渗透性较强,当土壤在水分完全饱和的情况下仍然具有较高的入渗速率;C 组主要为壤土,或者虽为砂性土,但在土壤剖面的一定部位存在一层不透水层,中等透水性土壤,在水分完全饱和的情况下保持中等入渗速率;D 组主要为黏土等,弱透水性土壤。

根据土壤水分的最小渗透率划分而成的四组土壤类型(表 3-1)来确定研究流域的土壤水文属性。

表 3-1　SCS 模型土壤分类参数

水文土壤分组	稳定下渗率/(mm·h^{-1})	产流描述	土壤描述	土壤类型
A	7.6～11.4	入渗率大,产流低	深厚的,排水良好的砂石或砾石	砂土或砾石土
B	3.8～7.6	彻底湿透时,具有中等入渗率	中等深厚,中等良好的排水,质地为中细到中粗	砂壤土
C	1.3～3.8	彻底湿透时,入渗率低	有阻碍层的土壤,质地从中细到细	壤土
D	0～1.3	高产流,彻底湿透时,入渗率非常低	黏土组成,高膨胀率,永久的高低下水位,黏土底盘	黏土

　　土壤湿润状况根据径流事件发生前 5 天的降雨总量划分为湿润、平均和干旱三种状态(表 3-2),再由查表获得的 CN 值进行调整。

　　(1)AMC Ⅰ 表示土壤干旱,但未到达植物萎蔫点,有良好的耕作及耕种。

　　(2)AMC Ⅱ 表示发生洪泛时的平均情况,即许多流域洪水出现前夕的土壤水分平均状况。

　　(3)AMC Ⅲ 表示暴雨前的 5 天内有大雨或小雨和低温出现,土壤水分几乎呈饱和状况。

表 3-2　前期土壤湿润程度等级划分标准　　　　　　　　单位:mm

前期土壤湿润程度等级	前 5 天总雨量	
	休眠期	生长期
干旱(AMC Ⅰ)	<13	<35
平均(AMC Ⅱ)	13～28	35～53
湿润(AMC Ⅲ)	>28	>53

　　在 SCS 模型模拟时,首先要假定前期土壤湿润程度(AMC)处于一般条件下(AMC Ⅱ),根据模型提供的 CN 值查算表(表 3-3)获得各种土地利用类型不同水文土壤条件下的 CN 值,并根据当地实际情况进行必要的调整。模型制作者收集和分析大量的实测资料,给出不同水文条件下各种土地类型的 CN 参考值(Maidment,1993)。

　　表 3-4 给出了在前期土壤处于平均(AMC Ⅱ)时的 CN 参考值(CN$_2$)。前期土壤湿润程度干旱(AMC Ⅰ)、平均(AMC Ⅱ)和湿润(AMC Ⅲ)三个等级,分别对应 CN$_1$、CN$_2$ 和 CN$_3$。

表 3-3　CN 值查算表[①]

土地利用方式	处理情况	水文条件	水文土壤分组			
			A	B	C	D
耕地	没有保护措施		72	81	88	91
	有保护措施		62	71	78	81
牧场	较好的条件		68	79	86	89
	一般的条件		39	61	74	80

续表

土地利用方式		处理情况	水文条件	水文土壤分组			
				A	B	C	D
林地		较差的条件		45	66	77	83
		较好的条件②		25	55	70	77
露天地区、草坪、公园、高尔夫球场、水泥地等		条件良好,林草植被覆盖率≥75%		39	61	74	80
		一般的条件,林草植被覆盖度50%~70%		49	69	79	84
住宅区③（住宅平均面积④）	≤506	不透水面积占总面积的百分比/%⑤	65	77	85	90	92
	1013		38	61	75	83	87
	1350		30	57	72	81	86
	2025		25	54	70	80	85
	4050		20	51	68	79	84
街道与道路		水泥路面并有路缘石或者雨水沟⑥		98	98	98	98
		卵石、砾石路		76	85	89	91
		泥路、天然土路		72	82	87	89

注:①本表的CN值是在平均的前期土壤湿润程度下(AMCⅡ),$I_a=0.2S$时的CN值,I_a为初损值,S为流域当时最大可能滞留量。②较好的条件指没有放牧,并有灌草植被覆盖。③求CN值时,认为由房顶和车道产生的径流直接流到街道上去,只有极少数的水从房顶落入草坪,产生下渗。④住宅平均面积的单位是m²。⑤求CN值时,认为其中的透水面积(草坪)处于良好的牧场水文条件。⑥在某些温暖气候区,CN值取为95。

表3-4　不同AMC下的CN值换算表

AMC Ⅱ的CN值	AMC Ⅰ的CN值	AMC Ⅲ的CN值
100	100	100
95	87	99
90	78	98
85	70	97
80	63	94
75	57	91
70	51	87
65	45	83
60	40	79
55	35	75
50	31	70
45	27	65
40	23	60
35	19	55

AMC Ⅱ 的 CN 值	AMC Ⅰ 的 CN 值	AMC Ⅲ 的 CN 值
30	15	50
25	12	45
20	9	39
15	7	33
10	4	26
5	2	17
0	0	0

注:袁作新(1990)。

对于 AMC Ⅰ 和 AMC Ⅲ 状态下的 CN 值可根据式(3-7)和式(3-8)换算,对照结果如表3-4 所示。

$$CN_1 = -0.8418 + 0.5342CN_2 - 0.001CN_2^2 + 0.000\ 055CN_2^3 \qquad (3-7)$$

$$CN_3 = 6.9548 + 1.6411CN_2 - 0.0071CN_2^2 \qquad (3-8)$$

式(3-7)和式(3-8)中,CN_1、CN_2、CN_3 分别表示 AMC Ⅰ、AMC Ⅱ、AMC Ⅲ 状态下的 CN 值。

3.1.3 降雨及径流数据处理方法

在实际工作中,降雨数据是在点上观测的,而在计算流域径流量时,点状降雨数据显然不能满足计算需要,因而首先需要将点降雨数据换算成面平均降雨数据。本研究中使用空间插值法将点雨量换算成面雨量。

空间插值法利用 Surfer 和 ArcGIS 进行计算。具体计算过程如下:

(1)从 1∶5 万的地形图上找出各个水文和雨量站的具体位置,获得各个站点的经纬度坐标。

(2)在 Microsoft Office Excel 中,输入各个站点的坐标和对应的降雨数据,利用 Surfer 的空间插值功能(采用 Kringe 插值法),生成各年的月平均降雨等值线,存为 Shape 格式的线状(polyline)文件。

(3)在 ArcGIS 软件中的 ArcInfo 环境下,将降雨等值线的线状文件转为多边形(poly-gone)文件,每个多边形的属性取其两侧等值线的平均值,该属性值即为多边形覆盖区域的降水量。

(4)将处理好的图形文件投影方式转为阿尔伯斯等积双标准纬线圆锥投影(Albers Conical Equal Area),以与其他图形数据投影方式保持一致。

同时,本研究中采用汛期径流深来对模型进行验证,而使用径流量来表达土地利用方式的水文效应。

3.1.4 数据源

本研究所用的数据资料包括:①本底数据库为中国科学院建设完成的 20 世纪 80 年代中期(以 1985 年为代表)和 2000 年 1∶10 万土地利用数据库,由国家基础数据中心提供。②1995 年 7 月 28 日,由中国遥感卫星地面站提供 Landsat-7 ETM+复合图像 1 张,含 8 个波段。其中地面分辨率是第 1 波段到第 5 波段及第 7 波段为 30m,第 6 波段为 60m,第 8 波段为 15m。③2005 年 8 月 13 日,由网上下载获得 Landsat-7 TM 影像 1 张,含 7 个波段,其中地面分辨率为 30m。④土壤数据来源于中国科学院测量与地球物理研究所、湖北省荆州地区土肥站编制的湖北省四湖流域土壤类型图。⑤降雨数据来源于湖北省气象局,水文数据来源于荆州市水利局。

3.2　四湖流域土地利用格局及其变化

江汉平原四湖流域土地利用类型多样、结构复杂,随着经济的发展,人民生活水平的不断提高,四湖流域城市化的水平有所提高,建成区逐年向外扩张。另外随着工业的飞速发展,四湖流域水域、耕地等土地利用类型也发生了变化。

3.2.1　四湖流域土地利用空间格局

不同时期的土地利用分类结果如图 3-1 所示,可以看出四湖流域不同时期的空间格局存在的特征有:无论什么时期,在四湖流域土地利用变化中,水田和旱地分布广泛,上中下区均有分布,其中中下区以水田为主,而上区以旱地为主,其次为林地;另外,湖泊、坑塘等水域则主要分布在中下区。

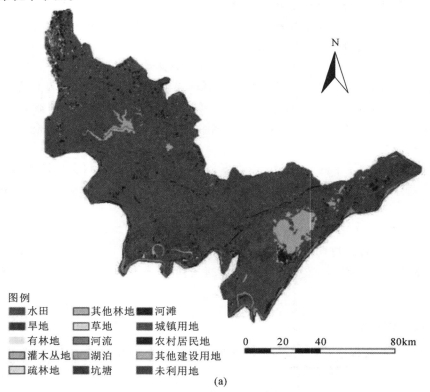

图例
水田	其他林地	河滩
旱地	草地	城镇用地
有林地	河流	农村居民地
灌木丛地	湖泊	其他建设用地
疏林地	坑塘	未利用地

0　20　40　80km

(a)

图 3-1　四湖流域土地利用类型图

(a)1985 年;(b)1995 年;(c)2005 年

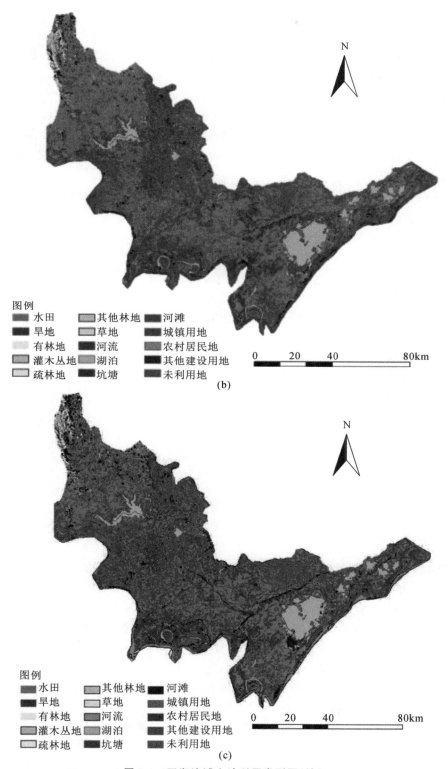

图 3-1　四湖流域土地利用类型图(续)

(a)1985 年;(b)1995 年;(c)2005 年

3.2.2 四湖流域土地利用变化

不同时期的各种土地利用类型面积和变化量如表 3-5 所示，我们从时间和空间两个方面来对其变化进行分析。

1）总体变化特征

通过统计归纳，比较四湖流域 1985 年、1995 年和 2005 年影像的土地利用解译数据，发现该时段土地利用变化的总体特征。根据表 3-5 的数据可以看出，四湖流域在研究时段内各种土地利用类型面积变化具有以下特征。

表 3-5 四湖流域不同时期土地利用类型情况　　　　　　　　单位：km²

土地利用类型		1985 年	1995 年	2005 年	1985—2005 年变化量
耕地	水田	5302.307 195	5272.139 868	5224.005 417	−78.3018
	旱地	3089.133 365	2987.487 97	2985.042 384	−104.091
林地	有林地	327.238 571	327.272 547	338.855 812	11.617 24
	灌木林地	22.022 336	21.600 868	21.600 713	−0.421 62
	其他林地	111.9862	114.6117	114.5294	2.5432
草地	草地	64.381 562	60.986 241	68.933 545	4.551 983
水域	河流	478.832 052	477.689 081	462.158 693	−16.6734
	湖泊	795.868 139	882.001 083	856.468 055	60.599 92
	坑塘	559.458 367	616.840 107	658.530 746	99.072 38
	河漫滩	190.353 595	128.763 323	155.046 713	−35.3069
建设用地	城镇用地	114.641 519	162.019 324	162.873 017	48.2315
	农村居民地	581.571 009	581.656 092	581.966 17	0.395 161
	工业用地	31.310 057	30.585 235	33.060 441	1.750 384
未利用地	未利用地	143.5636	144.5592	149.732 913	6.169 313

(1)在 1985 年、1995 年和 2005 年的土地利用类型中，四湖流域最主要的土地利用类型都是水田，这 3 年中水田面积分别占地区总面积的 44.89％、44.65％和 44.22％；而灌木林地、草地和工业用地的比例较小；另外存在一定的未利用地。

(2)耕地变化逐渐减少，从 1985 年到 2005 年耕地变化共减少 182.3928km²，其中旱地减少 104.091km²。

(3)水域面积逐渐增加，其中湖泊面积增加约 60.60km²，坑塘面积增加约 99.07km²。

(4)随着城镇化进程的加快，建设用地增加 50.377 045km²，其中城镇用地增加最多，达 48.231 5km²，农村居民地和工业用地均略有增加。

(5)林地和草地的变化在研究区段内不太明显，面积都略有增加。

2）动态变化特征

利用动态变化研究四湖流域土地利用变化与转换的规律与特征，通过 1985—1995 年、1995—2005 年每种土地利用的变化量进行分析，如图 3-2 所示。

（1）两个时段内耕地均在减少，但减少的面积差别较大。1985—1995 年旱地减少比较明显，减少了 101.65km²，而水田仅减少 30.17km²。1995—2005 年水田减少比较明显，减少了 48.13km²，而旱地仅减少 2.45km²。

（2）两个时段内林地的变化均不明显，只有在 1995—2005 年林地略微增加 11.58km²。

（3）两个时段内水域的变化比较复杂，尽管水域总面积一直在逐渐增加，但是从土地利用的二级类型来看，湖泊与河漫滩面积呈阶段性变化。主要表现在坑塘面积一直增加，前一阶段增加 57.38km²，后一阶段增加 41.69km²；而河流面积却一直减少，累计减少 16.67km²；对于湖泊来说，1985—1995 年面积增加 86.13km²，1995—2005 年面积减少 25.53km²；而河漫滩的变化则刚好相反，1985—1995 年面积减少 61.59km²，1995—2005 年面积增加 26.28km²。

（4）城镇用地的增长主要在 1985—1995 年，面积增长 47.37km²，其他建设用地的变化均不是很大。

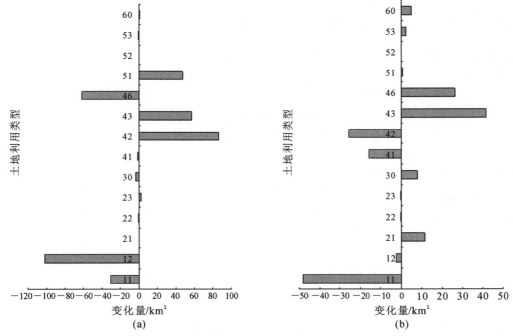

11 为水田、12 为旱地、21 为有林地、22 为灌木林地、23 为其他林地、30 为草地、41 为河流、42 为湖泊、43 为坑塘、46 为河漫滩、51 为城镇用地、52 为农村居民地、53 为工业用地、54 为未利用地。

图 3-2　四湖流域土地利用动态变化特征

(a)1985—1995 年；(b)1995—2005 年

3）空间变化分析

从四湖流域的土地利用面积变化可以看出，该区域在整个研究时段内各种用地类型之间的转换是非常频繁的，1985—2005 年土地利用类型变化斑块如图 3-3 所示。表 3-6 显示了四湖流域 1985—2005 年的土地利用变化转移矩阵。从总体上看，四湖流域各种用地类型转换特征差异明显。

（1）1985—2005 年，有 7528hm² 的耕地转移成其他土地利用类型。减少的耕地中，大部分转移成坑塘（转移 1124hm²），其次转化为城镇用地。

（2）林地和草地的转换不太明显。

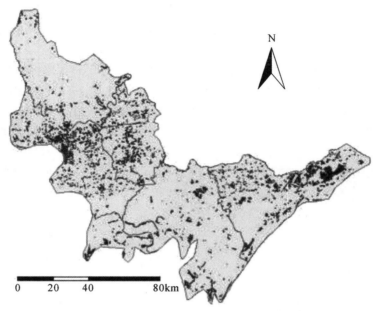

0　　20　　40　　　　80km

图 3-3　四湖流域 1985—2005 年土地利用类型变化斑块分布图

表 3-6　1985—2005 年四湖流域土地利用类型变化转移矩阵　　　单位:hm²

1985 年土地利用类型	2005 年土地利用类型															
	11	12	21	22	23	24	31	41	42	43	46	51	52	53	64	65
11	1395	457	22	0	9	10	3	38	96	681	15	50	151	24	4	0
12	580	3157	21	0	2	20	1	35	50	443	15	54	172	20	3	0
21	26	19	328	0	2	0	1	1	0	5	3	0	4	0	0	0
22	6	1	3	47	0	0	0	0	0	1	0	0	2	0	0	0
23	21	9	0	0	205	0	0	0	0	6	1	8	7	1	0	0
24	15	14	0	0	0	171	0	2	0	2	0	0	3	1	0	0
31	3	1	1	0	1	0	33	1	1	5	2	2	0	0	0	0
41	46	32	1	0	1	3	3	62	7	13	11	2	12	3	6	0
42	91	38	0	0	1	0	8	6	244	25	31	3	3		12	0
43	387	150	7	3	4	2	11	2	35	1750	24	43	41	7	12	0
46	40	21	3	1	7	1	1	6	39	44	109	7	6	2	3	0
51	31	27	1	0	0	0		2		23	0	104	4	1	0	0
52	168	168	0	0	0	2	1	2	6	44	2	18	4437	2	0	0
53	15	20	1	0	0	0	0	0		11	0	4	1	56	0	0
64	7	4	0	0	0	0	0	3	4	13	2	0	0	0	74	0
65	0	0	0	0	0	0	0	0	1	0	0	0	0	0	0	1

注:第一行和第一列的土地利用类型代表同图 3-2 图注。

3.3 四湖流域 SCS 模型构建

在本研究中,利用 1985 年、1995 年和 2005 年 3 个年份的遥感影像,通过构建 SCS 模型来研究四湖流域地表径流的变化,探讨四湖流域土地利用变化对径流的影响。

3.3.1 SCS 模型参数的确定

从式(3-5)和式(3-6)可以看出 Q 的影响因素主要是 P 和 CN,P 是降水量,是通过对降雨的监测得到的,CN 是与土地利用方式、土壤类型、前期土壤湿润程度相关的综合性参数。

1)土壤类型

四湖流域土壤分类可收集到的为中国科学院测量与地球物理研究所编制的四湖流域 1∶10万的土壤数据,以此为基础套叠研究区范围,提取出土壤类型分布数据。由于我国的分类标准大多按照形成原因以及土壤结构进行分类,这种分类不能直接用于 SCS 模型中,还需要做进一步合并处理。渗透率按照砂土>砂壤土>壤土>黏壤土>黏土的原则,以及文献中对每种土壤的说明,将研究区土壤的分类数据按照渗透率进行归并,最终合成 SCS 模型的四组类型。土壤质地分类结果见图 3-4。

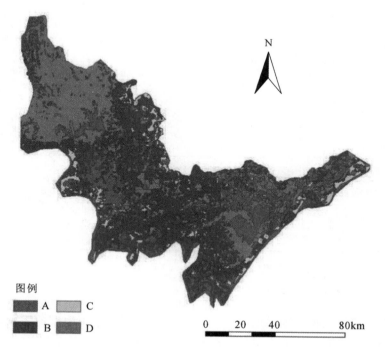

图 3-4 四湖流域土壤类型图

2)土地利用类型

土地利用类型即本研究前述的分类结果。由于水域的 CN 值相同,因此将分类结果中水域的四组类型合并,土地利用类型状况如表 3-7 所示。

表 3-7　不同时期土地利用类型状况　　　　　　　　　　　　单位:km²

年份	水田	旱地	有林地	灌木林地	其他林地	草地	水域	城镇用地	农村居民地	工业用地	未利用地
1985	5302.31	3089.13	327.24	22.02	111.99	64.38	2024.51	114.64	581.57	31.31	143.56
1995	5272.14	2987.49	327.27	21.60	114.61	60.99	2105.29	162.02	581.66	30.59	144.56
2005	5224.01	2985.04	338.86	21.60	114.53	68.93	2132.20	162.87	581.97	33.06	149.73

3) CN 值的确定

理论上讲,CN 值的可能取值范围为 0～100,但在实际环境下,CN 值小于 30 的情况是不可能发生的,同样,CN 值等于 100 的情况也几乎不可能发生,即使对于近乎完全不透水的水泥和柏油路来说,其 CN 值也不可能等于 100 而只是接近 100。根据 SCS 模型开发者推荐的 CN 值和四湖流域的实际情况,本研究中 CN 的取值如表 3-8 所示。

表 3-8　四湖流域不同状况下 SCS 模型的 CN 值(AMC Ⅱ)

土地利用类型	水文土壤分组			
	A	B	C	D
水田	75	85	90	95
旱地	55	65	72	78
有林地	25	55	70	76
灌木林地	36	60	74	80
其他林地	40	65	78	82
草地	35	60	70	80
水域	98	98	98	98
城镇用地	80	82	84	86
农村居民地	60	75	80	85
工业用地	80	83	86	89
未利用地	70	75	80	85

3.3.2　SCS 模型的验证

水文资料是验证模型参数适用性的主要输入资料,根据模拟模型的需求,必须提供长序列的历史水文资料。四湖流域内雨量站点较多,而且分布较为均匀,大多数具有长序列的历史雨量记录;但是实测径流资料短缺,仅监利福田寺站(王老河)、田关、坪坊(新滩口)和习家口等水文站有较长序列的水文资料,以及少数闸、站的不完整的水文测验记录。而实际上收集整理多年的历史资料,能够用于模型效验的资料只有福田寺站(王老河)的 1980—1996 年的实测资料,同时由于王老河汇流区 1991 年以后增建了一些二级站,所以 1991 年以后的水文资料才能反映现阶段的状况。因此我们采用 1992—1996 年的水文径流资料对模型参数进行验证。福田寺水文站控制流域在四湖流域中的位置如图 3-5 所示。

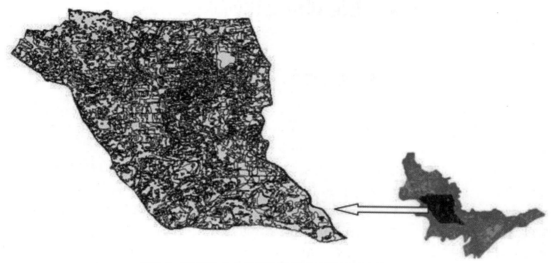

图 3-5　福田寺水文站控制流域在四湖流域中的位置

径流滞后于降雨是一种普遍规律,流域越大,滞后越明显。在对流域降雨和径流数据的分析中也发现,福田寺流域径流的产生明显滞后于降雨,由于河川径流对降雨响应的滞后性,若以较短的时间尺度(如日、月)进行径流实测与模拟对比,误差会较大,也难以反映流域真实情况。

对于四湖流域来说,降雨主要集中在汛期(5 月 1 日—9 月 30 日),所以这里以月降水量作为输入,月径流量作为输出,将模拟的月径流量累加为汛期径流量后与实测汛期径流量相比较,以检验模型在四湖流域的适用性。模型验证过程中采用的 1995 年的土地利用方式。模型的验证结果如表 3-9 表示。验证结果表明,5 年的模拟值与实测值均存在一定的误差,降水量越大的年份误差越大,主要原因是四湖流域湖泊较多,湖泊蓄水不直接形成径流。5 年模拟结果的误差范围在 10%～13%,平均误差 10.7%。可以看出,模拟结果与实际情况比较符合,SCS 模型可以用来在整个四湖流域进行径流模拟。

表 3-9　SCS 模型模拟径流量与实测径流的误差分析

年份	汛期降水量/mm	实测径流量/mm	模拟径流量/mm	绝对误差/mm	相对误差/%
1992	544.7562	419.4622	464.0574	44.595 19	10.63
1993	608.9310	474.9662	527.3399	52.373 76	11.02
1994	399.6664	299.7498	321.9035	22.153 73	7.39
1995	670.7274	523.1674	588.4252	65.257 84	12.47
1996	1038.5130	830.8108	953.6341	102.823 30	12.37

3.4　土地利用变化的水文效应

3.4.1　降雨-径流系数变化特征

1）CN 值的分布特征

（1）CN 值的高值区与低值区。以 2005 年为例来说明，2005 年土地利用与 CN 值的对比如图 3-6 所示。

可以看出，CN 值的高值区即产水量最大的区域是水域、农村居民地和城镇用地。主要包括一般镇、区政府所在地和各级行政单元经济集中发展且城市化水平较高的区域；大力发展的养殖区域；沿主要河流地区，也是经济发展的另一个主要区域。这些地区人类活动最为强烈，不透水层面积大，反映在水文效应上，就是产流能力大大加强。CN 值的低值区即产水量较小的区域是林地、草地等人类活动相对较弱的区域。主要集中在海拔高的山区地带。由于人类活动相对较少，地表植被保存较好，其保水作用较强。因此，林地、草地的产流能力较低。

（2）同一时期，不同前期土壤湿润程度的 CN 值。随着前期土壤湿润程度由干向湿发展（AMC Ⅰ→AMC Ⅱ→AMC Ⅲ），各个时期的 CN 等值线均变得稀疏。

（3）不同时期，同一前期土壤湿润程度的 CN 值。在研究区段（1985—2005 年）内，相同前期土壤湿润程度（AMC Ⅱ）下不同 CN 值所占的面积和比例均发生了变化，为此，统计了不同时期四湖流域 CN 值所占土地面积矩阵。从表 3-10 中可以看出，CN 值低值部分的土地面积在减少，高值部分的土地面积在增加。而这个时期正是四湖流域城市化建设加快，大力发展养殖业的时期。而同一时期，林地、草地和耕地等第一性生产用地都有不同幅度的减少，其中以耕地减少幅度最大。可见，随着四湖流域养殖业的迅速提高，四湖流域水域面积增加，而有较好保水作用或受人类开发较少的土地利用类型面积相应减少。这种土地利用结构的变化对生态环境的影响表现在水文效应上就是产水量的增强，在相同降雨条件下径流系数大大增加。而对于洪水灾害的形成，土壤下渗率较大、地表较粗糙的林地、草地、耕地面积的减少，不透水面积较大、地表粗糙度较小的城市用地的增加必然使径流集中速度加快，径流量增大，造成洪峰增大和峰现时间提前的后果（傅伯杰等，1999）。

2）不同时期的径流深

为研究强降雨条件下土地利用/覆被变化对地表径流深度的影响，在本研究中将四湖流域 1964—2005 年观测的最大一次暴雨降水量作为这个研究区域的统一降水量（200mm）输入。在 GIS 环境下运行 SCS 模型，生成各年份的地表径流深度图层（图 3-7），然后对相邻年份的图层进行相减，得到 1985—1995 年、1995—2005 年两个时段的地表径流深度变化图（图 3-8）。

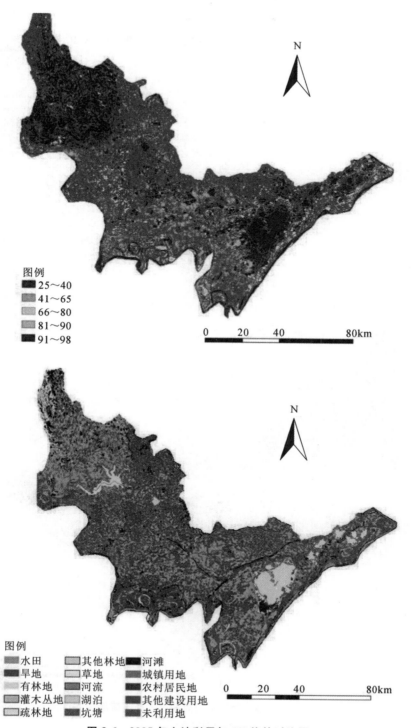

图 3-6   2005 年土地利用与 CN 值的对比图

表 3-10　四湖流域不同年份 CN 值范围的面积矩阵(AMC Ⅱ)

年份	CN值	30 及以下	31～40	41～50	51～60	61～70	71～80	81～90	91～100
1985	A	67.36	60.44	76.82	712.08	1749.02	2364.81	2623.21	3249.45
	P	0.62	0.55	0.70	6.53	16.04	21.69	24.06	29.80
1995	A	66.88	63.27	83.02	699.84	1743.27	2326.37	2623.68	3301.24
	P	0.61	0.58	0.76	6.42	15.98	21.33	24.05	30.27
2005	A	66.86	67.97	82.88	700.65	1747.18	2312.33	2622.36	3311.23
	P	0.61	0.62	0.76	6.42	16.01	21.19	24.03	30.35

注:A 为 CN 值在流域中的总面积,km^2;P 为所占面积的百分比,%。

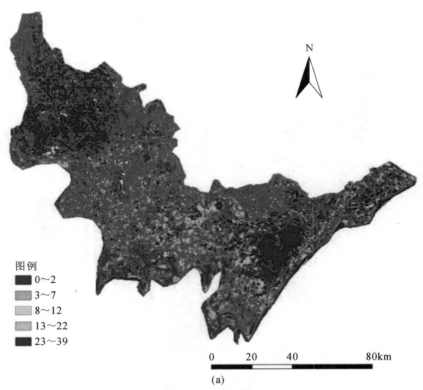

图 3-7　四湖流域不同时期地表径流深度图

(a)1985 年;(b)1995 年;(c)2005 年

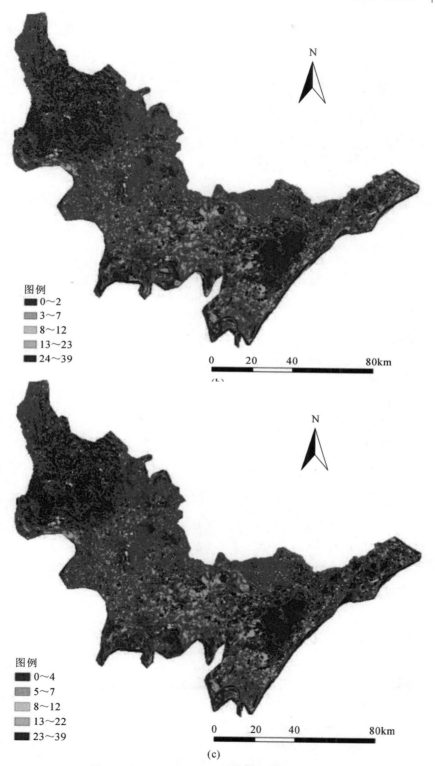

图 3-7　四湖流域不同时期地表径流深度图(续)

(a)1985 年;(b)1995 年;(c)2005 年

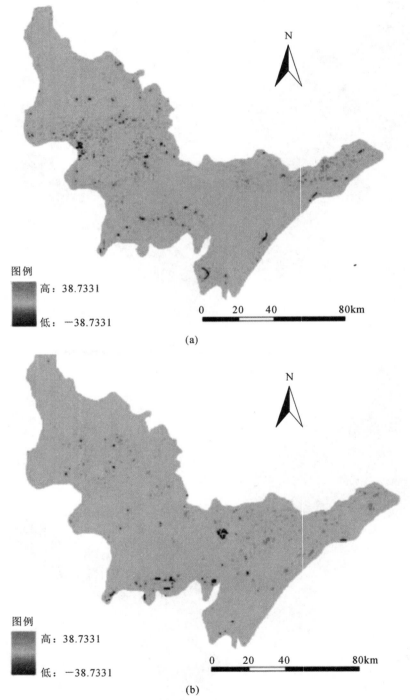

图 3-8　四湖流域不同时段地表径流深变化图

(a)1985—1995 年；(b)1995—2005 年

　　图 3-7 显示,地表径流深度高值区(颜色较深区域)在空间分布上发生了很大变化,这一变化从图 3-8 可以看出,四湖流域地表径流深的正变化范围很大,而负变化范围相对较小。

因为不同的土地利用类型有不同的产流机制,草地对降水的截流作用使得径流深随着草地面积的变化而变化,草地减少,径流深不同程度的增加,草地转化为林地时径流深增加最多,其次是草地转化为耕地;耕地和林地转化为草地,截流作用增强,使得地面径流深均有不同程度减小。林地减少,径流深则不同程度的减少,林地转化为耕地时径流深减少最多,其次是林地转化为草地;耕地或草地转化为林地,径流深则不同程度的增加。建设用地和耕地对地表径流的影响主要表现在地表径流产流和汇流过程。建设用地和道路面积的增大使得不透水层覆被增大,土地的渗透性减少,暴雨时地面径流量会增大,机械化、集约式耕作导致土壤物理性质的退化,也可导致农业用地的地表径流深增加。

1995 年以来径流深度的高值区逐渐扩大,这和 CN 值的分布密切相关。CN 值越大的地区,径流深越大。模拟结果显示,随着时间的推移,地表径流深趋于增大;同时,在四湖流域的不同时期,由土地利用/覆被变化引起的地表径流深度变化也不相同。在 24h 降水 200mm 的情境下,1985 年、1995 年和 2005 年的平均径流深度分别为 131.63mm、132.47mm 和 133.34mm。

因为本研究中的降雨在整个研究区域都以 200mm 统一输入,地表径流深度的变化仅受流域当时的最大可能滞留量 S 影响,而最大可能滞留量 S 又是由土壤属性(不变)和土地利用类型决定,所以土地利用/覆被变化是引起地表径流深度变化的原因。

为了分析和更直观地看出径流深变化与土地利用变化的相关关系,将 1985—2005 年径流深变化图与 1985—2005 年土地利用变化斑块图进行对比(图 3-9),可以发现,土地利用变化剧烈的地方,径流深变化也很明显。

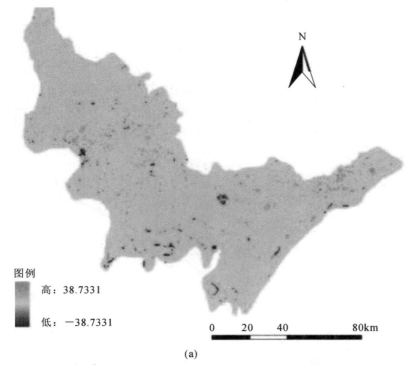

图例

高:38.7331

低:-38.7331

0 20 40 80km

(a)

图 3-9 1985—2000 年径流深变化与土地利用变化对照图

(a)径流深变化;(b)土地利用变化

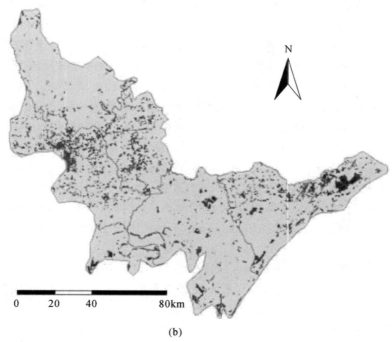

(b)

图 3-9　1985—2000 年径流深变化与土地利用变化对照图(续)

(a)径流深变化；(b)土地利用变化

3）土地利用变化对流域径流系数的影响

径流系数(C_v)是实际径流量(Q)与降水量(P)的比值,径流系数的大小直接反映了流域的产流能力。径流系数越大,产流能力就越大。径流系数的变化也反映了人类活动对区域生态环境的影响。在此假设降水量为 $0 \sim 100mm$,并且前期土壤湿润程度为平均状态(AMC II)下,利用模型公式(3-5)来计算四湖流域的径流系数,从而分析实际径流量与降水量的关系。根据前期土壤湿润程度为平均状态(AMC II)下的 CN 值 1985 年为 77.204,1995 年为 77.488,2005 年为 77.784,径流系数可以根据公式(3-9)计算得到,径流系数与降水量如图 3-10 所示。

$$C_v = \frac{Q}{P} = \frac{(P - 0.2S)^2}{P(P + 0.8S)} \tag{3-9}$$

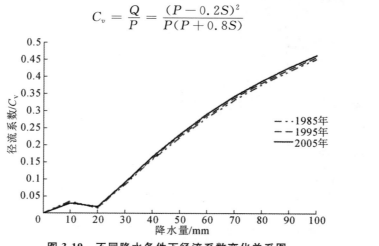

图 3-10　不同降水条件下径流系数变化关系图

3.4.2　土地利用变化对流域产水量的影响

在本研究中选取四湖流域多年降水量的日平均值 44.4mm 为输入降水量,分别计算 1985 年、1995 年、2005 年四湖流域不同土地利用状况下的产水量(表 3-11)。结果表明同样类型的降水,土地利用方式的变化会导致产水量的不同,2005 年的下垫面状况比 1985 年多产水 $2.338\times10^6 m^3$。对各类土地利用方式的地表产水量进行统计发现,水域和建设用地的产水量增加,而耕地的产水量下降。主要原因是四湖流域不断发展养殖业,扩大了坑塘面积,增加了流域产水量,工业化进程的加快,也使得建设用地增加,导致产水量增加。

表 3-11　四湖流域同一降水在不同年份下垫面的产水量　　　　单位：$10^6 m^3$

年份	水田	旱地	林地与草地	水域	建设用地	未利用地	合计
1985	91.062	8.917	1.197	73.578	6.074	0.807	181.635
1995	90.521	8.660	1.209	75.942	6.386	0.809	183.526
2005	89.603	8.660	1.217	77.245	6.430	0.818	183.973

针对不同的土地利用方式,其产流特性也不相同。水域是最容易形成径流的区域,当降雨达到水面之后,直接形成径流;建设用地由于其透水性差,径流系数大,也容易形成径流;当耕地转化成水域或者建设用地时,使得产水量增加。值得一提的是水田与水域间的转换,产水量变化比较复杂,由于水稻生长需要消耗一部分水分,所以汛期水田也具有一定的调蓄能力,汛期水田转化为水域,产水量变化不大;不过,水田向水域的转换在一定程度上增强了汛期湖区的行洪能力,使洪水排泄通畅,洪灾压力得到缓解。

四湖流域土地利用/覆被变化不仅使区间产水量发生变化,而且还会影响洪水汇流路径和洪峰出现的时间,同时还改变了湖区对洪水的调蓄能力。因此,加强洪泛区的土地管理,合理控制调整土地利用状况是减轻洪涝灾害威胁的重要手段。

3.5　本章结论

以 GIS、RS 和数字水文模型的应用为主要技术手段,利用 20 世纪 80 年代中期(以 1985 年为代表)、1985 年和 2005 年三期的遥感影像为基础数据,综合应用区域水文数据、气象数据以及社会经济数据等多源信息,采用 SCS 模型分析土地利用变化对该区降雨-径流关系的影响,并分析不同土地利用方式下对地表径流及产流的变化。

本研究主要成果及结论如下:

(1)1985 年、1995 年和 2005 年的土地利用变化趋势是耕地面积减少,水域和建筑用地面积增加。其中从 20 世纪 80 年代中期到 2005 年,耕地变化共减少 182.3928km²,其中旱地减少 104.091km²;水域面积逐渐增加,其中湖泊面积增加约 60.6km²,坑塘面积增加约 99.1km²;随着城镇化进程的加快,建设用地增加 50.377 045km²,其中城镇用地增加最多,达 48.2315km²。

（2）本文针对研究目的，以及土地利用数据的特点，选用美国农业部水土保持局研制的 SCS 模型开展研究。根据模拟过程和计算结果，认为 SCS 模型对于研究土地利用对降雨-径流关系的影响是一个较为有效的模型。CN 值是 SCS 模型的主要参数，反映降雨-径流的关系，是土地利用类型、土壤类型、前期土壤湿润程度等因素的函数。一般来说，降雨一定的情况下，CN 值越大，径流越大，即 CN 值较大的下垫面，其产流能力较大。

（3）从 1985 年到 2005 年，四湖流域 CN 值低值部分的土地面积在减少，高值部分在增加。而这个时期正是四湖流域城市化建设加快，大力发展养殖业的时期。而同一时期，林地、草地和耕地等第一性生产用地都有不同幅度的减少，其中以耕地减少幅度最大。根据前期土壤湿润程度为平均状态（AMC Ⅱ）下的 CN 平均值 1985 年为 77.204，1995 年为 77.488，2005 年为 77.784。

（4）根据四湖流域的年降雨资料和年 24h 最大暴雨资料，对流域强降雨条件下的径流深进行模拟，在 24h 降水 200mm 的情境下，从 1985 年到 2005 年，由于土地利用变化引起的径流深变化逐渐增大，1985 年、1995 年和 2005 年的平均径流深度分别为 131.63mm、132.47mm 和 133.34mm。

（5）在降水量相同的情况下，土地利用方式的变化会导致产水量的不同，2005 年的下垫面状况比 1985 年多产水 2.338×10^6 m³。对各类土地利用方式的地表产水量进行统计发现，水域和建设用地的产水量增加，而耕地的产水量下降。主要原因是四湖流域不断发展养殖业，扩大了坑塘面积，增加了流域产水量，工业化进程的加快，也使得建设用地增加，导致产水量增加。

长江中游地区是我国重要的商品粮、棉基地和淡水养殖基地。该区湖泊湿地众多,组成了中国湖泊密集度最大的淡水湖泊群,被世界自然基金会列为全球 200 个优先保护的重要生态区之一。近百年来,人为作用强烈干预河、湖系统的自然地貌过程(Chen et al.,2001)。干旱期的围垦,洪水期的挖沟筑堤、河道改造等,使长江中游湖群水网格局发生变化,大部分湖泊湿地与江河阻隔,大量湖泊萎缩消失。研究发现,发生于该区域的主要自然灾害(洪、涝、渍)与河湖湿地系统演变关系极为密切。历史和近代洪涝灾害的频发期与相应时期河湖湿地围垦和江堤修筑有较好的时间对应关系(Du et al.,2001;杜耘 等,2003;吴秀芹 等,2005);潜育化作用及渍害的发生也与平原河湖湿地演变密切相关(蔡述明 等,1996a,1996b;王学雷 等,2004)。平原湖泊湿地演变还会对农田浸溢状况产生影响(赵艳 等,2000)。此外,湖泊湿地面积变化也会在很大程度上决定其水质净化能力(王学雷 等,2003)。这些研究从多个方面分析探讨了长江中游河湖湿地变化的环境效应。

作为湿地农业发展的重要基础,平原湖区土壤条件同样可能受到河湖变化的影响。相关研究发现,水是影响成土过程的主导因素之一(项国荣 等,1997)。湖泊演变必然导致局域水文条件发生变化,从而影响土壤形成过程、改变土壤空间分布格局。在实地调查中,已有研究者发现潜育型水稻土和沼泽型水稻土多分布于低洼湖区和湿地围垦区(蔡述明 等,1996a;王学雷 等,2004),但目前尚缺乏将湖泊湿地时空变化与土壤空间分异相结合的定量分析,难以揭示湖泊时空变化对湖区土壤空间格局形成的影响作用。这里通过分析 20 世纪20 年代以来的江汉平原四湖流域湖泊湿地演变过程,并结合土壤分布数据,探讨不同阶段湖泊湿地空间变化与土壤空间分异之间的对应关系。

4.1 数据来源及处理

本研究所用数据中湖泊分布数据主要来源以下几个方面。

(1)20 世纪 20 年代湖泊分布数据采用中科院测量与地球物理研究所绘制的 1∶25 万湖北省四湖地区 20 世纪 20 年代湖泊分布图。

(2)20 世纪 40 年代湖泊分布数据采用中科院水生生物研究所编绘的 1∶25 万四湖地区 20 世纪 40 年代湖泊分布图。

(3)20 世纪 50 年代数据采用 1953 年由长江水利委员会所绘地形图并于 1955—1957 年经湖北省水利厅复制而成的水利图。

(4)20 世纪 60 年代数据主要采用湖北省水利厅 1967 年编绘的 1∶50 万地形图。

(5)20 世纪 70 年代湖泊数据来自 20 世纪 70 年代湖北省 1∶10 万地形图。

(6)20 世纪 80 年代数据来源于《湖北省湖泊变迁图集(1950—1988)》。

（7）1995 年、2000 年和 2005 年 Landsat TM 及 ETM＋遥感影像数据。

（8）土壤数据采用中科院测量与地球物理研究所与湖北省荆州地区土肥站合绘的1：25 万《湖北省四湖地区土壤类型图》，成图时间为 20 世纪 90 年代初期。

上述数据经过扫描、几何校正及数字化处理后，利用 ArcGIS 地理信息系统软件进行空间分析。

4.2　江汉平原四湖流域湖泊变迁

根据所收集的江汉平原四湖流域湖泊时空分布数据，建立 20 世纪 20 年代以来各阶段湖泊湿地分布变化序列。由于数据限制，尚缺 20 世纪 30 年代湖泊分布信息。统计四湖流域湖泊变化情况，结果如图 4-1 所示。由图 4-1 可见，从 20 世纪 20 年代至今，江汉平原四湖流域湖泊经历了由扩大到缩小至稳定的变化过程。20 世纪 20 年代至 20 世纪 50 年代为湖泊面积增大阶段，20 世纪 50 年代至 20 世纪 70 年代为湖泊急剧萎缩阶段，此后湖泊变化趋于稳定。

20 世纪 20 年代至 2005 年，江汉平原四湖流域湖泊面积减少 1367km²。其间湖泊面积最大曾达 2821km²，面积最小时约 604km²。从整个变化过程来看，本区湖泊面积变化序列数据类似 Gauss 分布。利用 Gauss 方程进行曲线拟合，并计算该曲线各点斜率（图 4-2）。图中曲线为从 20 世纪 20 年代至 2005 年湖泊面积连续变化速率。由图 4-2 可见，自 20 世纪 40 年代起，湖泊开始进入逐渐萎缩状态，并在 20 世纪 50 年代中期至 20 世纪 60 年代湖泊萎缩速率达到最大，最大量值约 85km²/a；此后湖泊萎缩速率逐渐减小；20 世纪 70 年代后期四湖流域湖泊面积已基本稳定，面积变化速率逐渐趋于零值；21 世纪以来湖泊面积变化速率已近于零值，湖泊面积基本无变化。

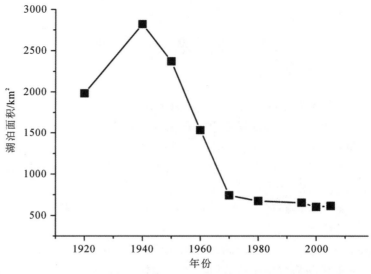

图 4-1　20 世纪 20 年代至 2005 年四湖流域湖泊面积变化曲线图

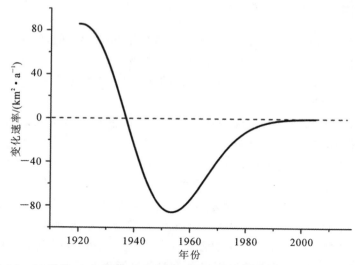

图 4-2　20 世纪 20 年代至 2005 年四湖流域湖泊面积连续变化速率曲线图

根据相关文献记载,20 世纪四湖地区湖泊变化在 50 年代以前主要受洪水影响,50 年代以后受人类围湖造田影响较大。20 世纪 20 年代至 40 年代长江流域降水量大、水灾频发(李长安 等,2001)。1929—1937 年长江中游连续 9 年水灾(吴宜进 等,2003),特别是 1931 年、1935 年长江和汉江连续发生特大洪水(施雅风 等,2004),加之社会动荡、垸堤失修(魏显虎等,2005),湖泊面积增大。20 世纪 40 年代末至 50 年代初期,本区又发生多次洪水,如1949 年和 1954 年的大洪水等,湖泊面积仍保持在鼎盛水平。新中国成立后社会稳定,水利建设得到发展并开始进行围湖造田工程。至 20 世纪 60 年代,湖泊面积已大为缩减。许多小型湖泊被排干、大中型湖泊被分解(李劲峰 等,2000;张毅 等,2010)。20 世纪 60 年代至70 年代湖泊数量及面积进一步缩小,形成现今湖泊分布格局。20 世纪 70 年代后湖泊水面急剧减少的趋势得到遏制(魏显虎 等,2005;李劲峰 等,2000),湖泊空间格局基本稳定。

4.3　湖泊变迁与土壤格局关联分析

人为耕作和其他扰动形式影响下的土壤性质的定量研究及其演变趋势,是国际土壤学界在一段时间内人为土壤研究领域的主要研究内容之一(龚子同 等,1998)。四湖地区湖泊演变与人类活动密切相关,而在湖泊空间变化范围内,土壤含水量、温度、地下水位等要素会随湖泊波动而发生时空变化,从而在一定程度上引起土壤性状发生改变。在湖泊演变及人为耕作的扰动下,四湖流域土壤性质不断演变并形成现今土壤空间分布格局。在实地调查中,已有研究者发现潜育型水稻土和沼泽型水稻土多分布于低洼湖区和湿地围垦区(蔡述明等,1996a;王学雷 等,2004),而低洼湖区和湿地围垦区是本区 20 世纪以来湖泊空间分布变化的主要区域,但目前尚缺乏土壤空间分异与湖泊变迁关系的定量分析。

4.3.1　湖泊变化范围土壤类型组成

通过对湖北省四湖流域土壤类型图(图 3-4)进行空间统计分析,结果表明,经过长期的水稻人工垦种及水耕熟化过程,现今四湖地区不同类型水稻土共有 7484km²,占四湖流域总面积约 65.03%。其中,潜育型水稻土占总面积的 5.45%,淹育型水稻土占 14.24%,沼泽型水稻土占 6.36%,潴育型水稻土占 38.98%。

将不同时期湖泊分布图进行空间叠加分析,计算 20 世纪 20 年代以来湖泊发生变化的总体范围。根据统计,在本时间段因湖泊扩大或萎缩而发生水陆交替变化的总面积为 3103.53km²,约占四湖全流域面积的 26.97%。对比全流域及 20 世纪 20 年代以来湖泊变化范围内各类型水稻土分布面积及土地总面积,结果如表 4-1 所示。由表 4-1 可见,在湖泊变化范围内,潜育型水稻土、淹育型水稻土、沼泽型水稻土和潴育型水稻土分别约 423.18km²、549.62km²、490.23km²、1053.67km²;各类型水稻土面积共占湖泊变化范围的 81.09%。其中潜育型水稻土占全流域潜育型水稻土的 67.48%,沼泽型水稻土占全流域沼泽型水稻土的 67.03%,均远高于湖泊变化面积占全流域面积的比例。由此明显可见,湖泊变化范围是全流域潜育型水稻土和沼泽型水稻土的集中分布区域。

表 4-1　湖泊变化范围及全流域范围各类型水稻土面积统计表

土壤类型	潜育型水稻土	淹育型水稻土	沼泽型水稻土	潴育型水稻土	土地总面积
湖泊变化范围/km²	423.18	549.62	490.23	1053.67	3103.53
全流域范围/km²	627.09	1638.35	731.41	4487.29	11509.07
面积占比/%	67.48	33.55	67.03	23.48	26.97

4.3.2　湖泊变化进程与土壤格局

根据本区 20 世纪 20 年代以来湖泊变化空间分布数据,将不同时期湖泊变化的空间范围与土壤类型图(图 3-4)做叠加运算,以分析不同时期湖泊变化与现代土壤格局的统计关系。鉴于 20 世纪 70 年代后期四湖流域湖泊面积已基本稳定,因此所选取的湖泊变化截至 20 世纪 70 年代。不同的变化时间区间组合包括 20 世纪 20—40 年代、20 世纪 20—50 年代、20 世纪 20—60 年代、20 世纪 20—70 年代、20 世纪 40—50 年代、20 世纪 40—60 年代、20 世纪 40—70 年代、20 世纪 50—60 年代、20 世纪 50—70 年代、20 世纪 60—70 年代。根据空间叠加及统计分析结果,各土壤类型在不同时间区间湖泊变化范围内所占面积百分比如表 4-2 所示。

由表 4-2 可见,不论在全流域范围还是各时间区间湖泊变化空间范围,潴育型水稻土在土壤类型中所占面积百分比均较大,黄棕壤、潮土及浅色草甸土所占面积百分比则均较小。在不同时期湖泊变化空间范围内潜育型水稻土、沼泽型水稻土所占面积百分比均明显大于全流域范围的统计值,而黄棕壤、灰潮土、水体的面积百分比均明显小于全流域范围的统计值。上述现象表明,在不同时间区间四湖流域潜育型水稻土、沼泽型水稻土在湖泊变化范围内均较为集中,而现今土壤格局中黄棕壤、灰潮土、水体则较少见于湖泊变化范围。

表 4-2 不同时间区间湖泊变化范围内各土壤类型所占面积百分比

土壤类型	不同时间区间湖泊变化范围										全流域范围
	20世纪20—40年代	20世纪20—50年代	20世纪20—60年代	20世纪20—70年代	20世纪40—50年代	20世纪40—60年代	20世纪40—70年代	20世纪50—60年代	20世纪50—70年代	20世纪60—70年代	2005年
水体	4.63	6.43	3.81	3.15	4.68	3.60	3.31	3.00	3.58	6.34	5.99
潮土	0.33	0.59	1.32	1.00	0.37	0.41	0.34	0.72	0.55	0.27	1.01
黄棕壤	0.03	0.02	0	0	0.04	0.03	0.02	0.01	0.01	0.04	1.81
灰潮土	11.92	14.25	16.60	12.84	13.97	12.23	10.12	12.75	11.12	9.80	25.39
浅色草甸土	0.22	1.46	0.29	0.11	0.39	0.22	0.20	0.29	0.84	2.14	0.77
潜育型水稻土	13.37	14.20	12.88	14.07	9.60	13.44	14.94	17.72	16.84	15.02	5.45
淹育型水稻土	19.96	14.85	20.80	17.83	22.39	18.90	19.44	19.87	14.87	9.07	14.24
沼泽型水稻土	11.31	12.98	11.67	20.97	8.74	10.05	17.35	12.49	20.85	29.53	6.36
潴育型水稻土	38.23	35.22	32.56	30.04	39.17	37.64	34.75	33.58	31.34	27.80	38.98

分析 20 世纪 40—50 年代、20 世纪 50—60 年代、20 世纪 60—70 年代三个湖泊发生萎缩的顺序时间段,可见随时间段距今愈近,沼泽型水稻土在湖泊变化区域的面积比例有明显增加趋势,潜育型水稻土所占比例也表现出一定程度的增加趋势,而潴育型、淹育型水稻土所占比例则有明显递减趋势。如增加更早时间区间 20 世纪 20—40 年代的统计数据进行综合分析,将之与其所顺接的 20 世纪 40—50 年代时间段湖泊变化范围的土壤类型百分比做对比,可见在 20 世纪 20—40 年代湖泊面积扩大时间段,湖泊变化范围内的沼泽型水稻土、潜育型水稻土面积比例呈一定的减小趋势,而淹育型水稻土和潴育型水稻土面积比例则表现出增加趋势。

除上述顺序时间区间外,由表 4-2 可见,在以 20 世纪 20 年代为起始的时间组合中(20 世纪 20—40 年代、20 世纪 20—50 年代、20 世纪 20—60 年代、20 世纪 20—70 年代),土壤类型在湖泊变化范围内随时间跨度增大,其面积比例呈起伏变化;而在以 20 世纪 40 年代为起始的时间组合中,则表现出与 20 世纪 40—50 年代、20 世纪 50—60 年代、20 世纪 60—70 年代湖泊萎缩顺序时间段类似的变化趋势,即随时间区间的末端愈晚,潜育型、沼泽型水稻土面积比例愈大,而淹育型、潴育型水稻土面积比例随之减小。在 20 世纪 50—60 年代、20 世纪 50—70 年代两个顺序时间段组合中,除潜育型水稻土面积比例稍有下降外,沼泽型水稻土面积比例亦随时间跨度增大而增加,而淹育型、潴育型水稻土面积比例同样随时间跨度增大而减小。

4.3.3 湖泊变化与土壤空间分异关联

由上述湖泊变迁与土壤格局叠加分析可见,四湖流域土壤空间分异与 20 世纪 20 年代以来的湖泊变化历程具有一定的相关关系。相关研究表明,土壤潜育化、沼泽化是一个由生物化学过程和化学过程相互联系、相互影响的复杂的成土过程,而充分的水分和丰富有机质是土壤潜育化的必要条件(马毅杰 等,1997)。湖泊变化范围地势低洼、水分充裕,为潜育型水稻土和沼泽型水稻土的集中趋势提供了良好的形成条件。

在湖泊变化不同时间组合所对应的空间范围中,各类型水稻土所占面积比例随时间变化而表现的规律性,则在一定程度体现出人为耕作及土壤改良活动对土壤性质的影响作用。潜育型水稻土及沼泽型水稻土分布区地下水位高、排水不畅甚至常年渍水、泥烂水温低,多为渍害型低产田。在长期的湖泊围垦和平原湖区农业发展中,渍害低产土地不断得到改良利用。湖泊转为陆地的时间愈长,则相应地区的土地改造和耕作时间愈久,从而潜育型、沼泽型土壤所占比例愈高。

在各阶段湖泊变迁范围,部分水稻土所占比例的变化还反映出土壤类型转变速率存在空间差异。自湖泊开始萎缩的 20 世纪 40 年代起,沼泽型水稻土在 20 世纪 40—50 年代、20 世纪 50—60 年代、20 世纪 60—70 年代三个阶段对应的湖泊变化范围,其所占比例分别为 8.74%、12.49%、29.53%。由上述三个等时间间隔中沼泽型水稻土的比例变化序列可见,沼泽型水稻土的脱沼速率明显变缓。推测其原因,应与湖泊变化的空间位置及地貌状况相关。随着湖泊不断向湖心萎缩,围垦土地所处地形地貌就更为低洼、排水更为不畅,沼泽型水稻土改良利用难度随之增大,从而在湖泊围垦后,脱沼速率降低。

4.4 本章结论

根据四湖流域湖泊湿地演变序列数据,分析了江汉平原四湖流域湖泊自 20 世纪 20 年代以来的阶段性变化特征。20 世纪 20—40 年代为四湖流域湖泊面积扩大阶段,20 世纪 40 年代之后为湖泊不断萎缩,20 世纪 50 年代中期至 60 年代湖泊萎缩速率达到最大,20 世纪 70 年代后期四湖流域湖泊面积基本稳定,21 世纪以来湖泊面积基本无变化。

通过湖泊湿地变迁序列与土壤格局的综合分析可见,四湖流域土壤空间分异与 20 世纪 20 年代以来的湖泊变化历程具有一定相关关系。20 世纪 20 年代以来,四湖流域湖泊变化范围集中分布了全流域 67% 以上的潜育型水稻土和沼泽型水稻土;在四湖流域自 20 世纪 40 年代起的湖泊萎缩阶段,湖泊变化时间距今愈近,相应湖泊变化范围中沼泽型水稻土和潜育型水稻土面积比例愈大,淹育型水稻土和潴育型水稻土面积比例则愈小;而相对上述湖泊萎缩阶段,20 世纪 20—40 年代的湖泊扩大阶段则表现出相反趋势。

在湖泊变化不同时间组合所对应的空间范围中,各类型水稻土所占面积比例随时间变化而表现的规律性,则在一定程度表现出人为耕作及土壤性质改良对土壤性质转变的影响作用;而根据沼泽型水稻土转变速率的空间差异性,可推测脱沼泽过程与地形地貌分异相关。

第五章

四湖流域微地形结构与村落空间格局

聚落及其形态演变是地理学的重要研究内容(金其铭,1988a;周心琴 等,2005;吴文恒 等,2008)。村落是人口聚落的主要形式之一(宋国宝 等,2007;徐坚,2002),村落空间分布状况是区域自然条件和社会经济状况发展历史的综合反映(梁会民 等,2001;何英彬 等,2010),也是影响区域经济发展现状及人口分布的重要因素(金其铭,1988a;杨存建 等,2009),同时可指示社会发展进程中人地关系演变趋势(廖荣华 等,1997;李君 等,2009)。我国自然地理条件、社会经济模式、发展历史、生活习惯及文化风俗多样,在宏观范围不同地区村落空间格局的形成和发展存在明显地域差异(田光进 等,2002);而在较小地理范围中,由于一定区域内环境背景具有相似特征,村落空间分布往往在该范围内表现出相似性。在相似区域范围内,对农村聚落空间分布共性特征进行研究有着普遍意义(徐雪仁 等,1997)。

鉴于自然灾害的时空分布在很大程度上取决于地形地貌特征(Alcántara-Ayala,2002;肖建成 等,1996),而人类活动在很大程度上也是通过改变地形状况对灾害空间分布产生影响(Clark et al.,1954;Bailey et al.,1995;Perry et al.,2006),地貌方法已成为自然灾害预测及防灾减灾中的一个重要方面。各种地貌形态和地形单元的形成及发育是传统地理过程研究的重点(高玄彧,2007;周成虎 等,2009;赵洪壮 等,2009),而现代地理过程中人类活动对地球系统的影响赶上甚至超过了自然变化(IGBP,2001)。在不同形态规模的地貌类型中,微地貌较为容易受人类活动的影响和改造(汪小钦,2008),从而更能反映人类活动与自然环境之间的相互作用。

作为长江、汉江共同冲积和湖泊淤积而形成的湖积冲积平原,江汉平原因其独特的地理位置和自然条件,在长期的湿地农业发展过程中形成了特有的农村聚落空间格局;而在平原内部,各区域自然地理条件及生产力水平相似,村落的空间分布因而在整体范围内具有较为一致的结构特征。根据实地调查发现,江汉平原村落空间分布在较小范围内具有明显的分散性和差异性,形成一种独特的环形分布结构;而在整个平原区,村落的环形分布结构则呈现普遍分布状态。

长期以来,江汉平原洪、涝、渍等自然灾害频发,是农业发展的重要限制因素。作为与农业生产和土地利用关系紧密的地表人文现象(金其铭,1988b),村落空间格局在江汉平原地区必然深受自然灾害的影响,从而在区域上表现出与灾害相关的内在规律性。

5.1 区域微地形特征

江汉平原地势低平、河湖众多,经过1000多年的农业开发,堤防密如蛛网,围垸广布,构成了独特的微地貌景观(肖建成 等,1996;王学雷 等,2006)。而近年来,人类活动导致的微地貌改变越来越成为江汉平原涝渍灾害、土壤地域分异及村落空间格局的主导因素(刘章勇等,2003)。分析江汉平原四湖流域村落空间格局与平原微地形的关系,从地形角度探讨村落分布特征及规律,或可有助于揭示区域人地关系、合理布局村镇结构,并可为区域防灾减灾、灾害损失评估、人口密度空间模拟等提供辅助信息。

这里选取江汉平原四湖流域一典型地貌样区作为研究区,如图5-1所示。该样区处于东荆河与内荆河、四湖总干渠之间,南邻洪湖和长江。本区属江汉平原四湖地区,是江汉盆地沉降带的低洼区域,为长江与东荆河形成的泛滥平原。区内地势低洼,地形大体由西北向东南微倾,高程介于22~32m,平均坡度约0.48°。区内垸田堤坝广布、微地貌密集且分异明显,形成了众多四周高、中间低的碟形洼地,垸堤局地起伏高度2~5m,土地以水田、旱地为主,自然条件及村落空间分布结构在江汉平原均具有一定的典型性和代表性。

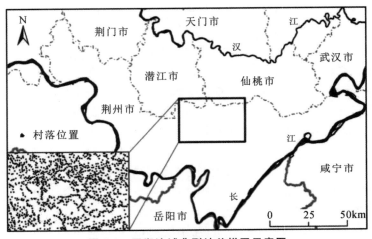

图 5-1　四湖流域典型地貌样区示意图

5.2　数据源与研究方法

为了定量研究微地貌的结构和功能,首先需要对微地貌进行定量提取。无论何种形态规模的地貌特征及类型,传统提取方法均为手工勾绘(苏时雨 等,1999)。近年来,随着 GIS空间分析方法的发展,许多地貌类型自动划分的数字方法相继提出(Drǎgut et al.,2006;肖飞 等,2008;Iwahashi et al.,2007;程维明 等,2009)。其中地貌结构线作为地貌骨架线和许多自然地理区域单元的基本分界线,其提取方法受到众多研究者的关注,如从 DEM(digital elevation model)数据中提取沟谷网络和分水线网络两大地貌结构线等(闾国年 等,1998;汤国安 等,2003;俞雷 等,2006;周德民 等,2008)。相对于自然流域结构线提取,微地貌由于规模小,较小的数据误差即会对提取结果造成较大影响。

村落空间分布信息自四湖流域相关村镇行政图数字化而来,为点状数据,如图5-1左下角所示。该数据虽不能反映村落大小规模,但可指示各村落空间位置。根据野外实地调查,该村落空间分布信息与实际位置吻合较好。地形信息则采用数字高程模型数据集 SRTM-DEM(shuttle radar topography mission-DEM)作为基础数据源。SRTM-DEM 为美国航天飞机雷达地形测绘(本次测图任务从 2000 年 2 月 11 日开始至 22 日结束),利用雷达测图技术所获得的地形数据集,是迄今现势性、分辨率和精度方面较好的全球性地形数据之一,数据覆盖地球北纬 60°和南纬 56°之间地区。这里采用该数据集 3″空间分辨率(约 86m)数据进行分析试验。村落空间分布数据及 SRTM-DEM 的投影系均转换为 WGS_1984_UTM_Zone_49N,以便于综合分析。

因此,本研究主要对江汉平原四湖流域村落点空间分布规律进行探讨,分析其与平原微地形结构间的关系。采用 GIS 空间统计方法对研究样区村落点空间分布模式进行分析;并根据平原微地形起伏特点,采用一种局部形态分析方法进行微地形结构提取;进而对村落点空间分布与微地形提取结果进行空间叠加分析。

5.3 平原微地形提取分析

江汉平原村落空间分布同样受到多种因素综合制约和影响。在众多制约影响因素中,自然环境条件是能够长期稳定影响乡村聚落格局的因素之一(汤国安 等,2000)。鉴于地形地貌因素对地表其他自然要素有重要影响(周成虎 等,2009;肖飞 等,2008),决定着区域的地形起伏、沉积过程、水分运移以及滞水时间(Hamilton et al.,2007;Stallins,2006),而且与人类活动关系密切,能在一定程度综合反映区域环境条件(Alcántara—Ayala,2002),因此本研究从平原微地形角度来分析探讨江汉平原村落空间分布规律。

在区域微地貌定量解析中,关键之处在于提取盆碟式地貌的结构线,以确定地貌形态结构和组合特征。地貌结构线提取一般基于栅格 DEM 数据结构,其提取原理可分为基于地形分析和基于地表坡面流水模拟分析两种(汤国安 等,2003)。相对于自然流域结构线提取,微地貌结构线提取有其不同的特征和难点。江汉平原微地貌最为典型的微地貌特征即具有盆碟状或者蜂窝状地貌形态。盆碟式地貌具有封闭的边缘,可形成完整的围垸结构来阻挡洪水。由于数据误差及人工沟渠的影响,SRTM-DEM 数据中往往出现盆碟边缘不连续现象,而盆碟结构内部则常会出现许多错误的高地形点或区;加之微地貌起伏小,较小的数据误差便会对结构线提取结果造成较大偏差。为了获得准确、连续且封闭的边缘线,本研究将基于局部地形分析和基于水系分析的结构线提取方法进行综合,结合局部分析和全局分析来进行分析计算。

5.3.1 DEM 数据局部形态分析

从局部形态来看,盆碟状微地貌边缘结构线由地形数据的局部峰值点(凸点)所组成。应用移动窗口进行 DEM 扫描、通过对比每一栅格与其邻域的高程差异以判断凸点或者凹点,是局部形态分析的传统常用方法。移动窗口法,是通过设定窗口大小,控制窗口从图像左上角以像元为单位距离向右进行移动,移动过程中窗口范围内的结构指数会被计算出来并赋值在最中心的像元。移动窗口法可以直观清晰地呈现出区域空间异质性。如 Peucker

和 Douglas(1975)、Toriwaki 和 Fukumura(1978)等的地形凹凸特征点判别研究等,均是这方面的早期探索。此后 Band(1986)、Skidmore(1990)等人在流域地形划分研究中,均以该方法作为第一步数据处理过程来进行河网提取。上述方法仅能提取出不连续的结构线片段或者离散的特征点,难以形成连续的结构线。在地形起伏度越低或者地形越复杂的地区,提取出的结构线片段愈加破碎离散(Tribe,1992)。

在进行局部凹凸点识别时,前人研究多选择 2×2 或 3×3 栅格大小移动窗口进行计算(Peucker et al.,1975;Band,1986;Tribe,1992)。本研究区地形十分低平,所提取的局部峰值点离散且呈近均匀分布,难以形成结构线片段(图 5-2)。除局部峰值点外,另一些其他的地形有关参数也可在一定程度表现地形局部形态特征,如坡度、起伏度、曲率等,但均难以形成连续的结构线片段。尽管如此,利用移动窗口扫描 DEM 的局部形态分析方法指示出了可能的特征点,能够标示出结构线的潜在位置。

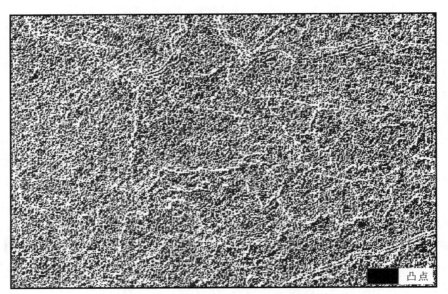

图 5-2　选择 3×3 栅格移动窗口时局部峰值点的空间分布

针对平原区微地貌特点,尝试构建一种局部地形形态分析方法来对结构线位置进行标示。碟形洼地众多、"大平小不平"是江汉平原典型地貌分异特点,因此局部地形形态分析的思路即为利用"大平"来突出"小不平"。通过利用移动窗口,计算每一窗口范围内的平均高程,以此来表现范围内的总体地形状况("大平");将移动窗口平均高程值与原始 SRTM-DEM 数据进行比较,突出较小的地形起伏情况("小不平")。

将移动窗口设定为圆形,分别取窗口半径为 3、5、10、20、30、40 栅格边长进行试验。计算每一移动窗口内的平均高程;并将 SRTM-DEM 数据与经过移动窗口扫描过的 DEM 进行差值运算;分析不同半径移动窗口差值运算提取结果(图 5-3);统计样区高于移动窗口平均高程的栅格数目及差值总量。计算结果发现,栅格数目和差值总量在窗口半径 0～10 栅格单元变化较快,而当窗口半径大于 20 栅格单元之后二者数值变化趋于平缓。因此,选取移动窗口半径为 20 栅格单元时的差值计算结果来进行分析。

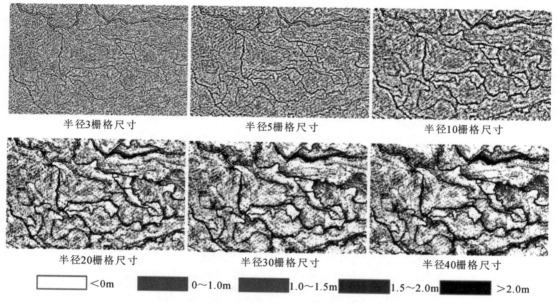

半径3栅格尺寸　　　　　　半径5栅格尺寸　　　　　　半径10栅格尺寸

半径20栅格尺寸　　　　　　半径30栅格尺寸　　　　　　半径40栅格尺寸

　<0m　　　0~1.0m　　　1.0~1.5m　　　1.5~2.0m　　　>2.0m

图 5-3　不同半径的移动窗口差值运算提取结果

　　经过对比试验,当差值计算结果的阈值设为 1.5m 时,可达到较好的微地貌结构区分效果。由图 5-4 可见,局部形态分析所得结果中仍然包含许多离散点,微地貌主体结构多处仍不连续,需要进一步处理。

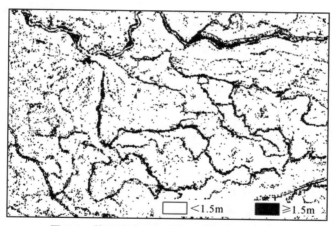

　　　<1.5m　　　　≥1.5m

图 5-4　基于移动窗口差值运算的微地貌结构

5.3.2　水流模拟分析

　　针对地形局部分析方法而产生的结构线不连续现象,Mark(1984)和 O'Callaghan 等(1984)提出了一种基于水流模拟分析的算法来提取连续结构线。该方法通过计算每一栅格的流向和汇流面积,然后设定汇流面积阈值来进行河网提取。基于水流模拟分析的方法,因其具有一定的水文学基础并能提取出连续河网而得到广泛应用。在地形起伏较大地区,利用该方法能够得到较好的结构线提取效果;但在地形平坦区域,地表水流多呈漫流现象,该方法会因汇流面积阈值设定而产生大量假河网;另外,在地形平坦地区,该方法还面临流向计算和真伪洼地判别两方面难点(Tribe,1992)。

　　本研究区地形起伏微小、洼地众多,并且所用 SRTM-DEM 数据中存在大量噪点。如果噪点恰处于实际地形结构线位置,则往往会造成结构线断开、相邻洼地互相沟通现象,从而影响应用水流模拟分析方法进行地形结构线提取。如不对原始 SRTM-DEM 数据进行任何处理,直接应用水流模拟方法提取流域单元边界,计算结果如图 5-5 所示。

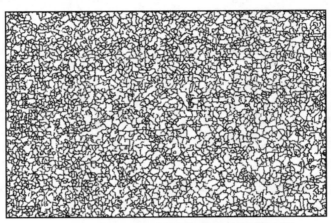

图 5-5　利用原始数据直接提取的流域单元边界线

　　由于研究区的地形特点及数据误差,所求取的盆地形态规模均十分碎小,未能区分真伪洼地,难以正确反映微地貌结构特征。针对这一问题,提出一种流域单元合并的思路来进行微地貌结构线提取。由图 5-5 可见,在真伪洼地并存情况下,研究区可以划分为众多封闭的小流域。如果将这些小流域根据一定规则进行剔除及合并,则最终盆地边缘线有可能形成微地貌结构线。具体步骤如下:

　　1) SRTM-DEM 初步处理

　　利用 GIS 空间分析方法,将 DEM 中所有高程低于相邻 8 栅格平均值的栅格点量值,均代以栅格点为中心的 3×3 栅格的高程平均值,形成新的数字高程模型。经此处理,结构线上高程偏低的噪声会得到一定程度减弱,同时还可消减部分伪洼地;而原始 SRTM-DEM 数据中所有局部峰值点在新 DEM 中均得到保留,从而能保持对微地貌结构线提取的定位精度。

　　2) 封闭流域单元求算

　　对组合出的 DEM 进行水流模拟分析,求解其流向并提取各封闭盆地边缘线,并对各盆地区域赋予不同的 ID 值。相比由原始 SRTM-DEM 数据所提取的封闭流域单元,根据新组合的 DEM 所求算的封闭流域单元,形态规模依然非常小,还需要进行进一步合并。

　　3) 盆地填充计算

　　针对以不同的 ID 值所区分的封闭流域单元,以各流域单元的边界最低点高程对流域单元进行分别填充;保留高程值高于各流域单元边界最低点高程的所有栅格,而其余部分则分别按各自流域单元代之以各边界最低点高程,从而形成新的数字高程模型。该数字高程模型保留了上一步所提取的流域边界栅格,因而仍能反映微地貌结构线信息。

　　4) 封闭盆地边缘线提取

　　根据上一步骤所构造的 DEM,采用地理信息系统水文分析方法计算流向,提取各封闭盆地的边缘线(图 5-6)。

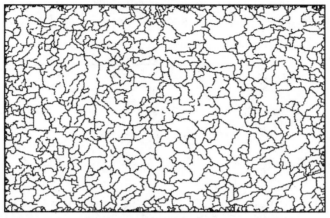

图 5-6　基于流域单元合并处理的流域单元边界线

由图 5-6 可见,相比直接由原始 SRTM-DEM 数据所求算的封闭盆地边缘线,经过上述步骤后所提取的封闭盆地边缘线得到合并及组合,盆地数目大为减少,其边缘线已能在一定程度上表现微地貌结构。然而,以上所提取的封闭盆地,其各自边缘线并非全属微地貌结构线,存在因数据误差而产生的错误边缘结构线。此外,部分盆地边缘线仅仅是流域单元分水界线,并无类似微地貌的形态特征,因此以上所提取的封闭盆地边缘线还需进一步分析处理。

5.3.3　提取方法组合分析

由上述分析可见,单独基于局部形态分析和基于水流模拟分析的方法均难实现平原微地貌的自动提取。局部地形分析方法可提取出不连续的微地貌结构线片段和离散的特征点,而水流模拟分析方法则能形成连续的流域单元边界线。尝试将该两种方法所得结果结合起来进行微地貌结构线识别。利用局部地形分析结果对水流模拟分析所提取的流域单元分水界线进行辨别挑选,以去除非微地貌结构线的流域单元边界线,从而形成连续的微地貌结构线。

根据闭合流域单元边界线中相交的每一节点,可将连续的流域单元边界线进行断开,形成空间上相互连接但彼此独立的线段。对于任一线段,如其属于微地貌结构线,则该线段应该与局部地形分析所提取的结构线片段或离散特征点在空间位置上有所重合。而噪声则属随机分布,通常难以形成与地形结构线一致的规则排列模式。因此,如属结构线的流域单元边界线段,其单位长度上所重合的结构线片段及特征点数目应较非结构线的流域单元边界线段为多。根据上述现象和规律,构建如下步骤进行微地貌结构线的辨识和提取。

1)流域单元边界线分段

将利用水流模拟分析所提取出的流域单元边界线从各线段交点处进行断开,转为栅格,并分别赋以各线段唯一的 ID 值,以便不同线段互相区分。

2)空间叠加分析

将流域单元边界线分段栅格与局部地形分析结果进行叠加,统计不同边界线线段上结构线片段及特征点的栅格数目,并计算边界线各段单位长度上特征点栅格的平均数目。

3)阈值设置

对于盆地边缘线栅格段单位长度上结构线片段及特征点的平均栅格数,试验发现,如果其阈值设为 0.36 时可达到较好的微地貌结构线辨识效果(图 5-7)。由微地貌复杂性以及数据误差,计算结果仍存在许多悬挂弧段以及孤立线段现象,多处仍未能相互连接形成封闭的盆地边缘线。

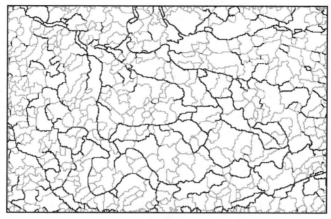

图 5-7 综合局部形态分析和水流模拟分析的结构线定位

4)结构线连接处理

对于结构线不连续现象,根据水流模拟分析中所提取的封闭盆地边缘线作为弧段延伸路径进行连接。如悬挂弧段和孤立线段在延伸连接过程中有两条以上路径,则选取其中单位长度上结构线片段及特征点平均栅格数最多的路径进行延伸,最终形成连续微地貌结构线(图 5-8)。

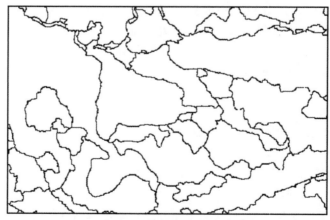

图 5-8 经连接处理后的连续微地貌结构线

对比提取结果与实际地形数据,结果显示所提取的结构线较为连续完整,并与实际地形吻合较好。由于数据误差、地形特征及计算方法等原因,研究区有少部分边缘结构线未能正确提取,出现部分较小偏差。主要表现为产生部分小多边形和出现少量结构线遗漏,微地貌提取发生偏差的部位主要发生在河流堤坝并行交错区域。尽管如此,在 SRTM-DEM 空间分辨率相对较低,且其高程误差相对微地貌较显著情况下,上述方法较好地实现了平原区域微地貌结构线提取。

5.4 村落空间结构与微地形关联分析

为探讨村落空间结构与微地形的关系,对二者进行空间叠加分析,统计村落点与微地形凸起部位间的位置对应关系。根据村落点空间结构分析,采用一种基于移动窗口计算的局部形态分析方法进行微地形凸起结构提取,所提取的微地形凸起部位占样区总面积的17.24%,显示出四湖流域长期湿地农业发展历程中所形成的圩垸形态及空间分布。由图5-9可见,平原村落分布与微地形凸起部位总体上表现出较好的空间对应关系。根据叠加分析,研究区村落数目合计1394个,其中1051个村落点与微地形提取结果空间位置有重合,约占村落总数的75.40%。在区域约1/6面积的小尺度地形凸起结构范围内,集中分布了全区3/4以上的村落,明显反映出村落空间分布与微地形格局之间具有较高的空间对应关系。

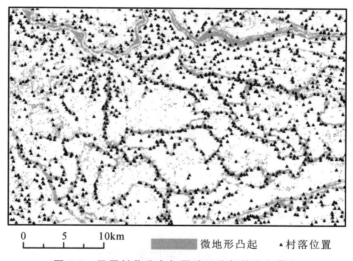

0   5   10km   微地形凸起   ▲村落位置

图 5-9 平原村落分布与微地形凸起的空间叠加

除与所提取的微地形凸起部位空间位置重合的村落点外,其余村落点与微地形凸起部位间的空间相关关系还需进一步分析。鉴于地物距离越近关联程度就越强,为定量分析全体村落点空间分布与微地形凸起间的关联关系,这里利用GIS空间分析方法,计算各村落点与所提取微地形凸起部位之间的最近距离,根据微地形凸起部位不同距离范围内村落数量来研究村落与微地形结构间的空间关联关系。计算结果如图5-10所示。

图5-10横坐标表示村落点与所提取微地形凸起结构间的距离,纵坐标为村落数量。村落点与所提取微地形凸起结构距离处于0~770m,村落数量随统计距离增大而增加,而其变化率则逐渐减小。根据空间统计,所提取的微地形凸起结构及其50m范围内共有1170个村落点,约占村落总数的83.94%;所提取的微地形凸起结构及其100m范围内共有1236个村落点,占村落总数的88.67%;约92%的村落点与所提取的微地形结构距离在150m以内。由此可见,除与所提取微地形凸起部位空间位置重合的村落点外,其余大部分村落点与微地

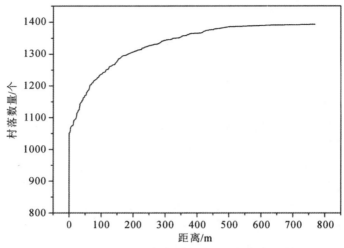

图 5-10　微地形凸起不同距离范围内村落数量

形凸起部位距离较近,表现出向微地形凸起范围聚集的趋势。

村落空间格局是区域多种因素长期综合作用的产物,上述村落空间分布与微地形格局之间明显的空间关联关系,指示出地形因素在村落空间格局形成过程中的重要作用。实际上,江汉平原微地形凸起是自然地貌过程与人类活动共同作用下形成的,既体现出自然环境对农村聚落地理空间生成和拓展的影响,又能够在一定程度上反映经济因素的影响。

从地形地貌发育过程看,不论何种规模的地形结构,其形态特征均为地貌营力长期作用的结果。江汉平原系长江及其支流所形成的泛滥平原,第四纪以来本区呈河湖交错地貌景观,其中湖泊为江河的附属水体,如河间洼地湖、壅塞湖和牛轭湖等。在长江南移等江河演变历史过程中,河流发生多次决口,在平原洼地上堆积了决口扇沉积物(冉宗植 等,1991),使洼地逐步分割成为较小部分,构成盆碟状地形的初始特征。此后,历史时期的筑堤围垸垦殖等农业经济活动,则对这种地形结构形态进行进一步改造。随着生产力的进步及长江高低洪水位的相继出现,人类从平原湖区的周边丘岗或高地进入湖区垦殖,高洪水位时退出。南宋年间,由于水车的出现,战争引起的人口南迁而进入本区,开始了规模较大的垦殖。此后明朝、晚清和 20 世纪 50 年代均出现过大规模围湖垦殖的局面(蔡述明 等,1996b)。在长期的历史农业生产过程中,垦殖活动以及筑堤围垸为主的水利工程形成了大量垸田。圩垸外围封闭,高程由垸堤向中央逐渐降低,形成独特的盆碟状形态结构。圩垸可在一定程度阻挡垸外季节性洪水,因而在区域长期农业发展过程中得以广泛修筑。此外,除荆江与汉江两岸建成重点堤防外,平原内的许多分流汊道,如内荆河、东荆河等也修建了江堤,平原围垦过程中又修建了许多支民堤,从而平原内堤垸密如蛛网,形成了独特的微地貌景观(肖建成 等,1996)。因此,在自然地貌过程与人类活动共同作用下,江汉平原地区呈现出众多的湖垸同体的盆碟状地形结构形态。

在盆碟状地形结构中,地下水位由垸堤至圩垸中央逐渐升高,圩垸中央往往有积水;而不同盆地洼地结构之间形成隔离,不利于排水与行洪,垸内往往发生涝渍灾害。因此,盆碟状地形结构中央低平区域不利于人居,而圩垸边缘地带地势则相对较高,较为干燥并且在洪涝灾害中相对安全,从而有利于村落的形成和发展。村落与微地形凸起结构叠加分析结果即反映出村落与垸堤结构在空间分布上的一致性。由此可见,江汉平原小尺度地形结构在较大程度上表现出对村落空间格局的控制作用。

5.5　本章结论

对于平原区起伏很小的微地貌,单独基于局部地形分析和基于水流模拟分析的方法均难得到较好的提取结果。综合利用两种方法提取结果中的微地貌结构定位信息来提取微地貌结构线。针对平原区微地貌特点,构建了一种局部地形形态分析方法来对结构线位置进行标示。该方法能够突出较小的地形起伏,可达到较好的微地貌结构区分效果。在利用水流模拟分析进行结构线提取中,提出一种流域合并的思路来进行微地貌结构线提取,该方法可消减大量伪洼地,所提取的边缘线能在一定程度上表现微地貌结构。基于上述两种方法求取结果,提出一种综合局部地形形态分析和水流模拟分析的组合分析方法来进行微地貌提取。提取结果表明,该方法较好地提取出连续完整的平原区微地貌结构线。

针对江汉平原四湖流域独特村落点空间分布格局,探讨其与微地形起伏结构间的关系。根据村落点空间结构分析,江汉平原样区村落点空间格局在整体上和不同统计尺度上均符合随机分布模式;在分析该分布模式与微地形起伏的空间关系中,采用一种基于移动窗口计算的局部形态分析方法进行微地形凸起结构提取,所提取的微地形凸起部位占样区总面积的17.24%,能明显指示出长期湿地农业发展历程中所形成的圩垸形态及空间分布;根据村落点与微地形的叠加分析,约75.40%的村落与所提取微地形凸起部位的空间位置重合,而83.94%的村落在距离微地形凸起部位50m范围内。分析结果表明,村落空间分布与微地形格局之间具有明显的空间关联关系。大部分村落点位于微地形凸起区域,而其余村落点则表现出向所提取微地形凸起范围聚集的分布格局。

第六章

四湖流域景观结构特征

6.1 四湖流域景观格局分析

为了对江汉平原四湖流域景观格局进行比较精确的分析,定量化研究流域内景观结构的基本特征,并且从中探索其动态变化的规律,这里引入了分形结构模型对四湖流域景观结构的复杂性和稳定性进行定量分析,以此进行四湖流域景观格局的变化研究。

这里利用"3S"技术对四湖流域景观结构类型进行监测,考虑遥感的可操作性,设计出研究区域景观遥感分类系统,然后选取适当波段组合,处理遥感图像。以充分判读所有景观类型;现场判读过程中采用 GPS 进行补助定位,对影像图所有不同颜色斑块进行人工判读后,在地理信息系统中进行计算机屏幕勾绘,并进行其后的数据处理、输出以及地理数据库的更新。具体过程是选取 2003 年 7 月的 Landsat TM 图像作为数据源,空间分辨率为 30m,辐射分辨率为 256 个数量级。在图像中,研究区域无明显云层分布,湿地地物光谱较易区分。因此该遥感图像在湿地宏观调查和监测中较适合。经对比试验,四湖流域景观遥感图像处理在充分考虑地物波谱特性基础上,选取 2003 年 7 月 TM 图像 2、3、4 波段进行假彩色合成,较清晰地区分了研究区域内不同景观类型,经过训练区野外实地建标、室内遥感判读对比试验,确定四湖流域不同景观类型遥感解译标志。然后把遥感图像和其他地图资料输入地理信息系统中进行景观类型判读解译,在 ArcGIS 地理信息系统专业软件平台进行地类勾绘和数据数字化与地图制作,完成相应面积计算和统计分析。综合江汉平原的土壤类型、地形图和土地利用图,通过判读、解译和编制工作,我们将四湖流域景观类型划分为天然水面、人工水面、水田、旱地和城镇 5 个景观类型,分别制成了四湖流域景观遥感解译标志表(表 6-1)。

表 6-1 四湖流域景观遥感解译标志表

类型	解译标志			
	色彩	形态	结构	分布
天然水面	浅蓝色、深蓝色、蓝绿色	不规则片状,河流呈带状	质地均匀	集中在长湖、洪湖及其周边
人工水面	黑色、浅红色、褐红色	较规则片状,人工沟渠呈线状	质地较均匀,边缘清晰	平均多处分布,西北部水库集中分布

续表

类型	解译标志			
	色彩	形态	结构	分布
水田	深红色	规则连片分布	质地均匀	平均多处分布
旱地	灰色、暗红色	不规则片状、板块状	质地不均匀	主要分布于四湖流域西北丘陵地带、河边高地
城镇	灰色	板块状分散分布	质地不均匀,边缘不甚清晰	主要沿长江、总干渠、公路沿线分布

6.1.1　四湖流域景观格局指数

为了更好地定量分析江汉平原四湖流域景观格局的特征,我们选取了几个景观格局指数。在这里,对景观格局的定量描述可分为两类指标进行,即基本空间格局指标(多样性、均匀度及优势度)、景观空间构型指标(破碎度、聚集度),各个指数的具体计算指标采用目前国内外通用的量度公式进行。

1)多样性指数(H)

H的大小反映景观要素的多少和各景观所占比例的变化。其计算公式为:

$$H = -\sum_{k=1}^{m}(P_k)\ln(P_k) \tag{6-1}$$

式中,P_k为k种景观类型占总面积的比例;m为研究区域中景观类型的总数。

2)均匀度指数(E)

均匀度是描述景观里不同景观类型的分配程度。Romme等(1982)的相对均匀度计算公式为:

$$E = \left\{-\ln\left[\sum_{k=1}^{m}(P_k)\right]/\ln(m)\right\} \times 100\% \tag{6-2}$$

3)优势度指数(D)

优势度指数表示景观多样性对最大多样性的偏离程度,或描述景观由少数几个主要的景观类型控制的程度。其计算公式为:

$$D = \ln(m) + \sum_{k=1}^{m}(P_k)\ln(P_k) \tag{6-3}$$

式中,$\ln(m)$为研究区各类型景观所占比例相等时,景观拥有的最大多样性指数。

4)破碎度指数(FN_1和FN_2)

破碎度指数的计算公式为:

$$2FN_1 = (N_p - 1)/N_c \tag{6-4}$$

$$FN_2 = MPS(N_f - 1)/N_c \tag{6-5}$$

式(6-4)和式(6-5)中,FN_1和FN_2是2个某一景观类型斑块破碎度指数。根据四湖流域景观的分布情况,N_c为研究区域的总面积除以最小的斑块面积;N_p是景观中各类斑块的总数;MPS是景观里各类斑块的平均面积除以最小的斑块面积;N_f是景观中某一景观类型的总数。

5）聚集度指数（RC）

聚集度是表示景观里不同生态系统的团聚程度。其计算公式为：

$$RC = 1 - \left\{ \sum_{i=1}^{m} \sum_{j=1}^{m} [E(i,j)/N_b] \ln[E(i,j)/N_b] \right\} / m \ln(m) \quad (6\text{-}6)$$

$$P(i,j) = E(i,j)/N_b \quad (6\text{-}7)$$

式中，$P(i,j)$ 是生态系统 i 与生态系统 j 相邻的概率；$E(i,j)$ 是相邻生态系统 i 和 j 之间的共同边界长度；N_b 是湿地景观里不同生态系统间边界的总长度；m 是湿地景观里生态系统类型总数。

6.1.2　四湖流域景观分类与空间格局

1）四湖流域景观分类

在研究四湖流域景观空间结构时，首先必须确定景观的基本单元。根据四湖流域景观自然特征及其土地利用现状，同时考虑研究区不同地物的光谱特征及在遥感影像的反映，构成了该地区的景观分类系统（表 6-2）。

表 6-2　四湖流域景观分类系统

景观类型	景观类型意义	土地利用类型
天然水面	包括湖泊，由于滩地是河湖平水期与洪水期之间的土地，这里也将滩地归入此类	湖泊、河流、滩地
人工水面	包括水库、池塘等	水库、池塘
水田	主要是水稻田，分布在平原地势平坦区域的面积较大的平畈田，以及分布在湖泊四周地势低洼的低湖田。近年来部分低湖田被开挖成精养鱼池或莲藕塘，大多分布在水田区域或相邻地区，也作为水田景观处理	水田
旱地	主要是种植小麦、棉花的土地，分布在本区地势高亢的河流冲积平原和四湖流域西北部丘陵地带，海拔较高	旱地、林地
城镇	包括城镇、农村居民点的建筑用地和工矿用地等	城镇、农村居民点、工矿用地

通过图形解译和实地调查，绘制出江汉平原四湖流域的景观类型图。利用 ArcGIS 软件的空间分析能力，对景观类型图进行计算和分析获取相应景观类型基本数据，在 ArcGIS 软件和 Microsoft office Excel 的支持下，运用前面所列公式计算景观格局各种指数。四湖流域景观类型构成见表 6-3 和图 6-1、图 6-2，景观指数见表 6-4。

表 6-3　2003 年四湖流域景观类型构成表

景观类型	面积/hm²	比例/%
天然水面	112 699.54	9.7
人工水面	72 034.76	6.3
水田	659 931.31	56.8

景观类型	面积/hm²	比例/%
旱地	303 243.08	26.0
城镇	13 942.21	1.2
合计	1 161 850.90	100.0

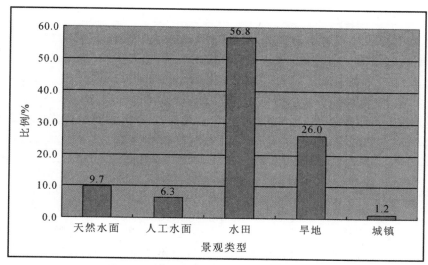

图 6-1　2003 年四湖流域各景观类型比例

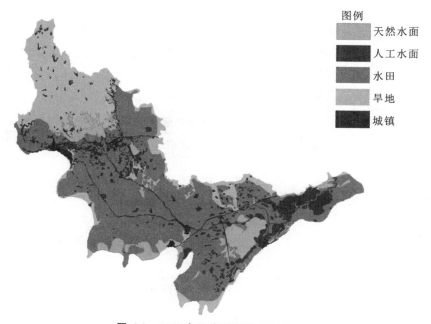

图 6-2　2003 年四湖流域景观结构图

表 6-4 江汉平原四湖流域景观类型指数表

景观指数		景观类型				
		天然水面	人工水面	水田	旱地	城镇
斑块数	个数	292	836	496	267	107
	所占比例/%	0.146	0.418	0.248	0.134	0.054
面积/km²	合计	1107.000	659.097	5745.441	4424.410	142.449
	面积比/%	0.092	0.055	0.476	0.366	0.012
	均值	17.582	1.312	9.254	1.572	0.685
	最大值	309.410	46.631	843.751	247.437	44.955
	最小值	0.036	0.019	0.501	0.100	0.102
周长/km	合计	2576.750	3685.480	15 877.860	567.860	2211.810
	均值	40.901	7.371	22.554	5.872	4.371
	最大值	234.715	42.250	1395.599	411.410	90.044
	最小值	3.803	0.612	1.233	1.239	1.398

2）基本空间结构分析

基本空间结构分析包括景观多样性、均匀度和优势度三个指数的分析。从表 6-5 看出，江汉平原四湖流域景观多样性指数为 1.153 6，而在假定研究区的各种景观类型所占比例相等时是拥有的最大景观多样性指数为 1.609 44，两个指数值相差约为 0.45，这说明在我们确定的四湖流域景观类型体系（天然水面、人工水面、水田、旱地和城镇景观共五类）的情况下，各类景观类型所占比例差异较大。从优势度指数的含义来看，优势度指数越大，则表明偏离程度越大。本区的优势度指数为 0.471 2，说明区域内有占优势的景观类型；而本区的均匀度指数不高，为 0.592 1，说明流域内景观分配不太均匀，存在着少数景观类型控制整体的现象。因此，从对流域景观多样性、优势度和均匀度三个指数的分析可以看出，四湖流域景观差异较大，水田景观类型在本区湿地景观中占支配地位，其次为旱地景观和天然水面景观。

表 6-5 四湖流域景观格局指数表

景观类型	天然水面	人工水面	水田	旱地	城镇	合计
多样性（H）						1.1536
均匀度（D）						0.5921
优势度（E）						0.4712
破碎度（FN_1）			0.0412		0.0028	0.0301
破碎度（FN_2）	0.0279	0.0104		0.0315		
聚集度 RC						0.8213

3）景观构型特征分析

这里我们用流域景观破碎度指数和景观聚集度指数来分析四湖流域景观构型特征。四湖流域景观整体破碎化指数为 0.030 1（表 6-5，破碎度 FN_1），说明景观的破碎化程度较低，流域景观整体较为完整，这与本区土地利用方式的实际情况相符。从本区各种景观类型的破碎度大小(表6-5,破碎度 FN_2)来看,城乡建设用地集中成片;而对于水域景观,主要指湖泊和河流,原来的一些小湖泊和其他类型的水面部分地被围垦成水田或其他用地,目前的天然水面景观相对完整。四湖流域景观聚集度 RC 为 0.8213,表明整个研究区是以少数大斑块为主体构建起来的,这些大斑块包括大面积的水稻田、湖泊及旱地景观。这一结果反映出人类在该地区垦殖影响程度较强,同时它与四湖地区土地详查资料及土地利用现状特征也是一致的。

景观空间格局研究是流域景观生态学的重要内容之一。这里结合江汉平原典型的湖泊湿地区域,在 RS 和 GIS 技术支持下,比较系统地度量流域景观空间格局各类指标,进而对流域景观空间格局特征及其形成原因进行分析,得出结论如下:

(1)各类景观类型所占比例差异较大,景观分配不太均匀,水田景观类型在本区湿地景观中占支配地位,其次为旱地景观和水域景观。

(2)四湖流域景观的破碎化程度较低,景观整体较为完整。各景观类型的破碎度均较低;整个研究区是以少数大斑块为主体构建起来的,这些大斑块包括大面积的水稻田、湖泊及旱地景观。

(3)研究结果表明,在长期湖区垦殖活动过程中,人类改变了平原湖区的自然景观格局,而将其改造为复合的人工湿地农业景观生态系统。(表6-6、表6-7)

表6-6 四湖流域上、中、下区湿地景观类型系统表

	景观类型	斑块数	所占比例	面积/m²	所占比例	平均面积/m²
上区	天然水面	72	0.156	230 029 761.240 7	0.067	3 194 857.795 0
	人工水面	242	0.526	97 525 364.283 7	0.028	402 997.373 1
	水田	52	0.113	662 394 824.470 5	0.194	12 738 362.009 0
	旱地	82	0.178	2 411 536 899.661 6	0.708	29 408 986.581 2
	城镇	12	0.026	4 579 420.991 7	0.001	381 618.416 0
	小计	460	1	3 406 066 270.648 2	1	7 404 491.892 7
中区	天然水面	193	0.184	330 222 795.095 9	0.058	1 710 998.938 3
	人工水面	350	0.333	162 276 625.389 0	0.028	463 647.501 1
	水田	304	0.289	3 500 719 946.065 4	0.619	11 515 526.138 4
	旱地	136	0.129	1 566 562 564.459 0	0.277	11 518 842.385 7
	城镇	66	0.062	88 945 139.906 3	0.015	1 347 653.634 9
	小计	1 049	1	5 648 727 070.915 6	1	5 384 868.513 7
下区	天然水面	27	0.058	806 017 980.403 4	0.229	29 852 517.792 7
	人工水面	244	0.528	421 386 590.460 3	0.119	1 726 994.223 2
	水田	113	0.244 6	1 582 326 195.400 2	0.450	14 002 886.685 0
	旱地	49	0.106	666 736 226.037 1	0.189	13 606 861.755 9
	城镇	29	0.062	36 859 734.270 2	0.011	1 271 025.319 7
	小计	462	1	3 513 326 726.571 1	1	7 604 603.304 3

表 6-7　四湖流域分区景观格局指数

分区	景观多样性指数	最大多样性指数	景观优势度指数	破碎度指数
上区	1.2951	2.3219	1.0268	0.1708
中区	1.4871	2.3219	0.8348	0.0556
下区	1.7812	2.3219	0.5409	0.0165

6.2　景观要素镶嵌结构

6.2.1　分形结构模型的建立

分形理论是 20 世纪 70 年代中期以来发展起来的一种横跨自然科学、社会科学和思维科学的新理论。它主要研究和揭示复杂现象中所隐藏的规律性、层次性和标度不变性,为人们通过部分认识整体、从有限中认识无限提供了一种新的工具。所谓分形(fractal),是指其组成部分以某种方式与整体相似的几何形态(shape),或者是指在很宽的尺度范围内,无特征尺度却有自相似性或自仿射性的一种现象。分形的外表结构极为复杂,但其内部却是有规律可循的。譬如,连绵起伏的地表形态,复杂多变的气候过程、水文过程等都是分形理论的研究对象。在四湖流域地域空间内,天然水面、人工水面、水田、旱地、城镇等景观要素相互作用、相互依存,形成了一个不可分割的生态系统。其中,各种景观要素在空间上镶嵌分布,并有机地结合在一起,从而形成了一种复杂的景观镶嵌体(mosaic)。运用分形理论,定量地研究四湖流域各种景观要素镶嵌结构的复杂性与稳定性,有助于人们从理论上认识天然水面、人工水面、水田、旱地、城镇等景观要素在空间上的镶嵌规律及其相互作用机制,从而为四湖流域水空间规划和湿地水系统管理提供科学依据。

Mandelbrot(1982)研究分形几何体的形态结构,建立了关系模型如下:

$$[S(r)]^{1/D} \sim [V(r)]^{1/3} \tag{6-8}$$

式中,$S(r)$ 为表面积;$V(r)$ 为体积;r 为度量尺度;D 为分形维数,即分维值。当用不同尺度的尺子去度量物体的面积和体积时,所得到的测量值与尺度有关,或者说,其体积与面积之比是尺度的函数,模型参数就是分维值。

王晓伟等(1991)应用式(6-8)推导出了适合于 n 维欧氏空间的分形维数计算公式:

$$[S(r)]^{1/D_{n-1}} = kr^{(n-1-D)_{n-1}/D_{n-r}}[V(r)]^{1/n} \tag{6-9}$$

在式(6-9)中,令 $n=2$,便可以得到 2 维空间中分形几何体的分维值与面积及周长的关系。这就是说,在天然水面-人工水面-滩地景观镶嵌体中,对于任何一种景观要素的嵌块形态,如果用 r 为度量尺度去测量其周长和面积,就会有如下结果:

$$[P(r)]^{1/D} = kr^{(1-D)/D}[A(r)]^{1/2} \tag{6-10}$$

式中,D 为该景观要素镶嵌结构的分维值;$P(r)$ 为该景观要素嵌块的周长;$A(r)$ 为面积;k 为常数对式(6-9)做对数变换,得到

$$\ln[A(r)] = \frac{2}{D}\ln[L(r) + C] \tag{6-11}$$

由式(6-11)可知,对于一个特定的区域,只要按照一定的比例做出各景观要素镶嵌图,然后对于每一个景观要素,用其各个图版的面积和周长数据做回归分析拟合,就可以求出$2/D$,这样就可以得到该景观要素镶嵌结构的分维值D。D的大小代表了该景观要素镶嵌结构的复杂性与稳定性。对于某种景观要素而言,D越大,就表示该要素的镶嵌结构越复杂;当$D = 1.5$时,表示该景观要素处于一种类似于布朗运动的随机状态,即最不稳定状态;D越接近1.5,就表示该要素越不稳定。由此,我们定义各景观要素的稳定性指数(SK)如下:

$$SK = |1.5 - D| \tag{6-12}$$

6.2.2 景观要素镶嵌结构特征

景观要素镶嵌结构特征表现为其复杂性和稳定性。为了研究四湖流域内各种景观要素镶嵌结构的复杂性和稳定性,在 RS 与 GIS 支持下,按比例做出了流域内天然水面-人工水面-滩地景观镶嵌体的空间分布图,量算了各景观要素嵌块的面积和周长数据,运用最小二乘法,计算拟合出了回归模型(表 6-8)。

表 6-8 四湖流域各景观要素镶嵌结构的分形模型

序号	景观类型	回归模型	相关系数(r)	样本数(n)
1	天然水面	$\ln[A(r)] = 1.605\ln[P(r)] + 0.381$	0.957	292
2	人工水面	$\ln[A(r)] = 1.417\ln[P(r)] + 2.547$	0.906	836
3	水田	$\ln[A(r)] = 1.843\ln[P(r)] - 1.924$	0.977	496
4	旱地	$\ln[A(r)] = 1.773\ln[P(r)] - 1.067$	0.981	267
5	城镇	$\ln[A(r)] = 1.742\ln[P(r)] - 1.049$	0.970	107

对于每一个景观要素,将表 6-8 中与其相对应的回归模型和式(6-11)进行比较,计算出其镶嵌结构的分维值(D),运用式(6-12)计算出其稳定性指数(SK),具体结果详见表 6-9。

表 6-9 四湖流域各景观要素镶嵌结构的分维值(D)和稳定性指数(SK)

序号	景观类型	分维值(D)	稳定性指数(SK)
1	天然水面	1.246	0.253
2	人工水面	1.411	0.089
3	水田	1.085	0.414
4	旱地	1.128	0.372
5	城镇	1.148	0.352

根据上述计算与分析结果(表 6-9),可以得出以下基本结论。

(1)复杂程度排序:人工水面＞天然水面＞城镇＞旱地＞水田。

人工水面分维值最高($D = 1.411$),说明其镶嵌结构最复杂。这是因为,在本研究中,人工水面包括四湖总干渠、支渠等人工河道,也包括水库、鱼池等人工、半人工水面。前者成线状分布,形状相对规则,数量有限,仅有三条主要的人工河道,而后者则大量散布于四湖流域不同地区,数量众多,在本研究中共有 497 个大小不等的水库、池塘,它们分布杂乱,水量众多,斑块平均面积最小,平均仅为 1.312km²,在五种景观类型中其平均面积仅大于城镇。所以从整体上看,人工水面这种景观镶嵌斑块结构最复杂。天然水面复杂性次之,天然水面形状极不规则,使得其分维值较高,但天然水面在分布上相对集中,主要集中在以洪湖和长湖这两个最大的湖泊为中心的地区,而且平均面积最大,达 17.582km²,所以整体上天然水面的分维值要低于人工水面。水田斑块的分维值最低($D=1.085$),说明其镶嵌结构最简单。这是因为在四湖流域,水田往往呈大面积连片分布,而且形状比较规则,多呈近似矩形的几何形状,斑块平均面积大,达 9.254km²,在五种景观类型中其平均面积仅小于天然水面,所以分维值最低,成为四湖流域最简单的景观镶嵌体。旱地和水田有些相似,但其分布和形状比水田都不规则,故在分维值上要略高于水田。城镇景观的分维值和复杂性在五种景观类型中处于居中的位置,低于天然水面而高于旱地和水田。

(2)稳定程度排序:水田>旱地>城镇>天然水面>人工水面。

稳定程度排序与复杂程度排序正好相反,越复杂的景观越是不稳定的景观,说明两个指标是相适应的。

水田稳定性指数最大(SK=0.414),说明在整个四湖流域中,连片集中分布、单个斑块面积较大的水田景观反而是最稳定的景观镶嵌体。旱地景观的稳定性仅次于水田,属于比较稳定的景观类型。人工水面的稳定性最低,说明分布上杂乱无章、斑块平均面积小的人工水面是整个四湖流域中最不稳定的景观类型,处于不断的变化当中。天然水面稳定性仅大于人工水面而处于倒数第二的位置,说明天然水面也不是很稳定,也有可能发生变化。城镇景观稳定性指数在五种景观类型中处于居中的位置,低于水田、旱地而高于天然水面和人工水面,属于相对稳定的景观类型,说明四湖流域城镇建设用地变化不是很大,处于相对稳定的状态。

6.3　生态环境与流域景观结构关系

6.3.1　洪涝灾害与流域景观结构关系

四湖流域洪涝灾害具有明显的地域性。由于其特殊的自然地理条件和人类开发历史,形成了特殊的洪涝灾害特性。四湖流域属于长江中游的垸区,长江、汉江、东荆河构成了流域东、南、北的边界。在汛期,洪水水位高出内垸农田 10~15m,沿江全靠堤防挡水,长江洪水因此成为区域威胁最大的自然灾害。四湖流域的干流,又称总干渠,自长湖以下,至新滩口入江,总长 203.5km,内垸集水面积达 10 375km²,遇到 10 年一遇的暴雨,3d 雨量可达200~300mm,区域内将产生 $1.4 \times 10^9 \sim 2.1 \times 10^9$ m³ 的地面径流,会形成局部到全局的内涝。在这种情况下,各二级电排站的提排水流汇入总干渠,一旦干渠流量超过一级电排的能力和湖泊的调蓄能力,就形成威胁沿岸城镇和淹没农田的内洪灾害。外洪、内洪和内涝构成了四湖地区洪涝灾害的三种表现形式。这三种表现形式在不同的年份有不同的组合,有时表现其中之一,有时则可能表现其中之二,甚至全部表现。一般内洪以内涝为前兆或条件,但外洪的出现与内部的洪涝关系不大。

20世纪90年代以来,四湖流域的洪涝灾害形势发生了一些新的变化。长江洪水发生的频率呈明显提高的趋势,20世纪90年代的10年中就发生了4次大洪水,分别是在1991年、1996年、1998年、1999年,并且都是"中水量、高水位""小水大灾"。应该注意这种变化对四湖地区的内部洪涝也有重大的影响。在区域内部发生足以形成洪涝的降雨后,一级电排的能力是是否引发灾害损失的决定因素。而一级电排能力的发挥,受到外江洪水水位的制约,如果外江水位高且持续时间长,有些电排站就会因扬程不够而被迫关机,从而加剧灾害损失。这种情况在1991年和1996年出现过两次。幸而在1998年长江流域的特大洪水期,四湖地区没有像1954年那样出现大面积致洪降雨,否则,抗灾局面和灾害损失都会比现实的情况严重得多。因此,四湖地区的洪涝灾害的灾变趋势,无论是外洪还是内部洪涝,都是处于恶化之中。当然,三峡工程兴建以后,情况出现了新的变化。

三峡建坝以后,荆江河段的泥沙减少引起河床冲刷以及枯水季节的高水位。江水对四湖流域的侧向渗透加大,由此增加渍害田的面积和渍涝程度,这种效应会加剧本地区的内涝和促涝成洪。

四湖流域现有的景观生态特点,无论是格局方面还是过程方面,都对洪涝灾害的控制产生着不利的影响,并且处于恶化的趋势之中。因此,必须进行全流域的景观生态建设。

1)湖泊率偏低导致调蓄容量不足

整个四湖流域的景观可以看成是由水域(包括河流、湖泊、沟渠、池塘、洲滩)和陆地(包括城镇、农田、林地、道路)两个基本结构成分组成的,能够承担调蓄内涝的主要是湖泊。在四湖地区内垸 $10\ 375km^2$ 的承雨面积中,目前只有长湖和洪湖两大湖泊还具有流域性的调蓄作用,这两大湖泊在最高洪水位时的面积分别为 $150km^2$ 和 $402km^2$,容量分别为 $4.59×10^8m^3$ 和 $1.16×10^9m^3$。实际运行中的最大调蓄容量为 $2.38×10^8m^3$ 和 $6.8×10^8m^3$(1980年)。1980年7月16日至8月26日降雨592mm,产生 $41.26×10^8m^3$ 的地面径流,自排和电排 $2.321×10^9m^3$,河湖调蓄 $9.18×10^8m^3$,超额水量 $8.87×10^8m^3$,全部由分洪和淹田解决,淹没面积 $432.72km^2$。1996年6月19日至7月21日的持续暴雨,降雨540mm,共产生 $4.27×10^9m^3$ 的地面径流,自排和电排 $2.539×10^9m^3$,河湖调蓄 $8×10^8m^3$,超额水量达 $9.41×10^8m^3$,淹没面积 $459.06km^2$。因此,在现有的排水条件下,要控制四湖地区的内部洪涝,必须为大约 $9×10^8m^3$ 的超额水量在内部寻找出路。也就是说还要增加一倍左右的调蓄容量才能满足遇到1980年和1996年类型的洪涝灾害时不出现分洪和淹田的需要。这说明在四湖地区的景观结构中,水域面积的比例,特别是具有调蓄能力的湖泊比例是偏低的。

2)"大平小不平"的湖垸景观导致一、二级排水能力失衡

四湖流域的景观还可以看成是由913个大小不等的湖垸单元组成的一个大湖垸。每个单元与整个区域都具有结构上的相似性,周边高地到中间洼地依次由庭院、旱地、良水田、渍害田、易涝地组成,一些湖垸还保留有湖泊水体。在湖泊因泥沙淤积而消亡和人类的围湖垦殖过程中,大小湖垸的形成都是按照先围者高、后围者低的规律进行的。因此,四湖地区的湖垸景观就形成了"大平小不平,高中有低,低中有高"的普遍特征。这就决定了局部区域的洪涝问题,仅靠提高一级电排的能力是不能完全解决的。现在的情况是,各个小排区为求自保,兴建了大量的二、三级电排,在中、下游地区的400多处二、三级电排的提排流量达

1872.3m³/s,而一级电排的提排流量仅942.5m³/s。在暴雨期间,二级电排的提排汇流形成了对干流渠道的重大威胁。

3)湖泊景观向沼泽景观的退化演变导致调蓄容量不断减少

四湖地区的湖泊都属于浅水型湖泊,平均水深在2m以下,长湖最大水深是6.1m,洪湖最大水深只有4.2m。由于江湖、河湖之间的水流联系被水利工程隔断控制,湖水补给小于自然状态,城乡环境污染导致湖水的富营养化,水生植物的残体积累增加,再加上泥沙淤积,湖泊景观不断向沼泽景观退化演变。全流域每年因此而损失的调蓄容量估计在$1 \times 10^7 \text{m}^3$。

6.3.2 水体污染与流域景观结构关系

1)湖泊水面萎缩降低了水体自净能力

四湖流域是长江中游江汉平原的重要湖泊分布区,在历史时期湖泊分布广阔,是著名的云梦泽的主体。由于江湖关系演变和人类活动的影响,湖泊面积变化迅速。四湖流域是江汉湖群的湖泊集中分布区之一,湖泊面积占整个江汉湖群的1/3。第四纪以来,该区就呈现出河湖交错地貌景观。千百年来,气候的冷暖变化,江汉—洞庭盆地内部不均匀沉降,上游来水量不定,特别是日益增加的人类活动,使该区的农田、湖泊、沼泽三者之间处于互相消长的动态演替中。20世纪以来,该湖群变化显著,湖泊资源从总体上遭受巨大破坏,湖区生态平衡严重失调。新中国成立后,为了适应经济发展和人口增长,全湖区掀起了"向荒湖进军,插秧插到湖中心"的运动,水利建设围湖垦殖规模和强度历史罕见,湖泊迅速缩小、分解或消亡。四湖中的三湖已全部变为良田,白露湖只剩下大约5km²的鱼池,洪湖减少了38.33%,长湖也减少了14.11%,面积大于6.67km²的大、中型湖泊由20世纪50年代初的49个减为70年代的12个。20世纪70年代以后,大面积围湖造田的情况得到了有效控制,人们又开始利用当地丰富的光、热、水资源改造湖泊、开挖鱼池,渔业高速发展。为了建设商品鱼基地,一方面开发荒滩湖沼地;另一方面改造湖泊,化大水面为小水面,分段精养,使部分湖泊变鱼池。1994年洪湖、监利两市县围圈面积达1279.7hm²。湖泊、河流、湿地本身对污染物具有一定的自净能力。

另外,在自然因素持续不断的作用下,四湖流域湖泊湿地景观也在发生变化。一方面,上游水土流失严重,河流夹带的泥沙沉积湖底,使洲滩面积不断增加;另一方面,本地区基本上都是浅水型湖泊,湖平水浅,光热充足,水生植物蔓延,沼泽化明显。江湖阻隔之后,湖泊沼泽化趋势更加明显。三湖、白露湖及大量中小型湖泊已完全沼泽化甚至消失,洪湖沼泽化也十分明显。用Pb^{210}(铅210)测年法测得洪湖在20世纪90年代沉积速率为0.72~1.90mm/a,说明湖泊沼泽化和泥沙的淤积作用是比较明显的。四湖流域经过多年开发利用,湖泊面积和数量不断减少,大大降低了对污染物的净化能力,导致水质不断下降和水体富营养化。

2)湖滨湿地被围垦

实践证明,具有完整植被群落结构的湖滨湿地(或称水陆交错带)对陆源污染物具有强烈的滞纳过滤作用,能大量吸收、净化各种污染物质,成为保护湖泊水体免受污染的缓冲带(vegetation buffer strips)。湖滨湿地最突出的景观特征是具有从陆生到湿生再到水生的完整植被序列,从陆地向水体依次是湿生植物、挺水植物、浮水植物和沉水植物,这些植物的存在能够起到拦截地表径流和泥沙、降解有机物、吸收营养物质的作用。长期以来,人们在湖边围湖而垦,把大面积的湖滨湿地变成了农田,大量的农业面源污染物直接排入水体。湖滨湿地的丧失,不仅加大了湖泊水体的污染负荷,更大大降低了湖泊湿地的净污去污能力。

3)湖泊水体中缺乏完整生态系统

湖泊湿地净化水体的基本原理就是生态系统对有机物和营养物的多级循环利用,而初级生产力的高低、食物链的长短和营养级的多寡就决定了湿地生态系统的去污能力。四湖流域水生高等植被主要分布于沿岸的湖湾港汊和浅碟形洼地,而开阔水域则较少有分布,尤其是缺乏沉水植物。植物数量少,种类单一,营养级简单,食物链短,尚未形成完整的生态系统,因而初级生产力比较低,各种有机物和营养物不能得到充分利用,湖泊湿地的去污能力自然不高。

4)特殊的水系结构降低水体净污能力

四湖流域水系以四湖总干渠以及西干渠、东干渠、田关河、螺山干渠和排涝河为输水骨干,总干渠上承长湖来水,沿途接两岸洪涝渍水,后经洪湖调蓄,或经高潭口、新滩口、螺山等闸站排入东荆河或长江。流域内建有 33 个主要灌溉引水闸、4 个排水闸、17 座一级泵站和754 座二级泵站。四湖流域地势低洼、上下游落差小,河流沟渠流速缓慢。四湖流域内部构成一个封闭独立的汇水区域,周围被长江、汉江和东荆河大堤环绕,所有地表水最后经新滩口汇入长江。由于四湖流域特殊的水系结构和水文水动力特征,导致众多湖泊河流水流缓慢,水动力条件差,水体溶解氧不足,江湖联系和水文循环受阻,换水周期长,水体更新慢,严重降低了湖泊河流等对污染物的净化能力。

6.3.3　血吸虫病与流域景观结构关系

钉螺是血吸虫唯一的中间宿主,生活在水位波动线上下,滋生在冬陆夏水,杂草丛生,滩上或沟港、堤坡、涵闸等潮湿环境中。人们常因放牧、种田、捕鱼虾、打湖草及防洪抢险等而大量感染血吸虫病。显然,四湖地区半陆半水的生态环境为钉螺滋生提供了适宜的生境条件。由于境内江河纵横,河、湖、渠相通,地理和气候环境非常适合钉螺的滋生与扩散,四湖流域成为我国血吸虫病流行的重疫区,并具有流行区域广、疫区人口多、钉螺分布面积大、人畜感染重、疫情控制难的特点。

1)水陆交替和水网型的景观结构适合钉螺滋生繁殖

四湖流域湿润易涝,适于钉螺繁殖,血吸虫病在这一带流行,特别是在海拔 $23 \sim 27$m 的地方,地下水位高,疫情严重。四湖地区原属湖沼型地区,现演变为水网型地区,钉螺相应地由原来的片、块状分布在各大小湖泊的荒草地带,转变为主要沿沟渠呈线、网状分布。目前该地区垸内钉螺分布类型中,湖泊的构成比逐年下降,水田、沟渠构成比逐年上升。由于渠道疏通,湖水水位下降,湖底裸露,变为荒滩,扩大了钉螺的滋生环境。由于钉螺呈线、网状分布于各大小成型渠道,面积大。区域内部渠道交错,内外串通,交叉污染严重,也不可能采用开新沟、填旧沟的办法,致使灭螺难度大。疫情演变区域划分可以荆江大堤为界分为堤内、堤外,而堤内又有滨湖、近湖、远湖之分及不同土地类型构成。堤内比堤外严重,垸外又比垸内严重。

2)水利工程多途径造成钉螺扩散

四湖流域建有比较完善的水利工程,包括防洪大堤、涵闸、泵站、排灌站和密如蛛网的沟渠,这些工程体为防洪排涝渍、灌溉发挥了巨大作用,同时也为钉螺扩散提供了多种途径。

一是主灌渠通过涵闸从垸外有钉螺分布的低位洲滩引水自流灌溉,钉螺随水流进入垸内耕地,使无螺地段变成有螺区。二是堤垸防洪大堤外脚的杂草浅滩,夏季成水面,秋冬季成浅滩,土地肥沃、潮湿,且杂草丛生,冬季钉螺附着杂草,或在浅滩上深入地缝蛰伏越冬,人们放牧打草,牛蹄或草鞋则把钉螺扩散至别处。显然,这里既是钉螺的栖息之地,又是钉螺传播的主要源地。三是排涝渍,汛期垸内积水成泽,人们为了抗涝排渍将所有的外排机泵开动,其中一部分钉螺、疫水被排放于垸外。于是由洪涝、灌溉这一纽带就促进了钉螺由垸外—垸内—垸外—垸内反复传播的恶性循环。

另外,从前述的四湖流域景观格局分析中可以看出,城镇等居民点多分布在河流、沟渠和湖泊等水体沿岸,人们多沿水而居,尤其是各条干支渠、湖塘沿岸和内垸人口密集,日常生产生活接触疫水的机会多,这种生活方式增加了感染血吸虫病的机会。

6.4　本章结论

四湖流域生态环境问题与流域景观结构和空间格局关系密切。采用遥感和 GIS 技术对四湖流域景观结构进行空间分析,结果表明,四湖各类湿地景观类型所占比例差异较大,湿地景观分配不太均匀,水田景观类型在本区湿地景观中占支配地位,其次为旱地景观和天然水面景观。四湖地区的湿地景观的破碎化程度较低,湿地景观整体较为完整。各景观类型的破碎化程度均较低,整个研究区是以少数大斑块为主体构建起来的,这些大斑块包括大面积的水稻田、湖泊及旱地景观。水田和旱地景观的分维值相对较高,而天然水面景观、林地景观和城乡景观则较低。在长期湖区垦殖活动过程中,人类改变了平原湖区的自然景观格局,而将其改造为复合的人工湿地农业景观生态系统。

为了探讨四湖流域景观要素镶嵌结构,进一步采用分形模型对其复杂性和稳定性进行分析,结果表明各种景观要素类型的稳定性和复杂性存在明显差异。其中,复杂程度排序为人工水面>天然水面>城镇>旱地>水田,人工水面的分维值最高,其镶嵌结构最复杂。稳定程度排序为水田>旱地>城镇>天然水面>人工水面,稳定程度排序与复杂程度排序正好相反,越复杂的景观越是不稳定的景观,说明两个指标是相适应的。水田和旱地因为连片集中分布、单个斑块面积较大,成为比较稳定的景观类型。人工水面分布上杂乱无章、斑块平均面积小,是整个四湖流域中最不稳定的景观类型,处于不断的变化当中。天然水面也不是很稳定,也有可能发生变化。城镇景观属于相对稳定的景观类型,说明四湖流域城镇建设用地变化不是很大,处于相对稳定的状态。四湖流域各种景观要素的复杂性和稳定性分析为流域景观生态规划和流域生态管理提供了依据。

第七章

四湖流域景观生态规划

在理清四湖流域景观结构的基本特征、复杂性和稳定性的基础上，还需进一步研究分析景观结构的动态变化状况，以此来预测四湖流域景观在未来时期的变化，为流域景观生态规划和流域生态管理提供科学依据。

7.1　四湖流域景观结构变化及其预测

7.1.1　四湖流域景观动态模拟

1）马尔可夫模型（Markov model）

马尔可夫过程是一种特殊的随机运动过程。一个运动系统在"T＋1"时刻的状态和 T 时刻的状态有关，而和以前的状态无关。这一点用于景观格局变化的预测是适合的。成功地应用马尔可夫模型的关键在于转移概率的确定。把四湖地区从 1997—2003 年分成两个不同的时间段，1997—2003 年和 2003 年至今，再以年为单位，把景观格局变化分成一系列离散的演化状态，从一个状态到另一个状态的转化速率（即转移概率，步长为 1a），可以通过各时间段内某类湿地景观类型的年平均转化速率获得。湿地景观单元转移概率确定后，就可以构筑成一个转移概率矩阵（Forman et al.，1986），其数学表达式为：

$$P = \begin{bmatrix} p_{11} & p_{12} & \cdots & p_{1n} \\ p_{21} & p_{22} & \cdots & p_{2n} \\ \cdots & \cdots & \cdots & \cdots \\ p_{m1} & p_{m2} & \cdots & p_{mn} \end{bmatrix} \tag{7-1}$$

式中，p_{mn} 为湿地景观类型 m 转化为 n 的转移概率。转移矩阵的每一项元素都有以下特点。

（1）$0 \leqslant p_{mn} \leqslant 1$，各个元素为非负值。

（2）$\sum\limits_{n=1}^{n} p_{mn} = 1$，即每行元素之和为 1。

2）转移概率和动态模拟

以 1997—2003 年这一时间段来确定转移概率。初始状态矩阵 $A_t = 0$，以 1997 年江汉平原四湖地区各湿地景观类型所占的面积百分比表示：

$$A_t = 0 = \begin{bmatrix} 9.7 \\ 6.3 \\ 56.8 \\ 26.0 \\ 1.2 \end{bmatrix} = \begin{bmatrix} 天然水面 \\ 人工水面 \\ 水田 \\ 旱地 \\ 城镇 \end{bmatrix} \tag{7-2}$$

　　表 7-1 是 1997 年和 2003 年四湖流域景观类型面积的转化情况。由各景观类型面积的转化情况可以求出各景观类型面积的平均转化情况（hm²/a），再由平均转化情况求出 1997 年和 2003 年各景观利用类型的转移概率矩阵（步长为 1a），该矩阵为初始状态转移概率矩阵（表 7-2）。

表 7-1　1997 年和 2003 年四湖流域景观类型面积的转化情况　　　　单位：10^4 hm²

1997 年四湖流域景观类型		2003 年四湖流域景观类型				
		天然水面	人工水面	水田	旱地	城镇
天然水面	11.1647	10.1172	0.1563	0.6531	0.2314	0.0067
人工水面	5.6331	0.4756	4.7642	0.3679	0.0168	0.0086
水田	63.2485	0.1969	0.9826	61.2576	0.8016	0.0098
旱地	31.7066	0.0876	0.0823	0.0091	29.8794	1.6482
城镇	2.01	0	0.1698	0	0.0781	1.7621
合计	113.7629	10.8773	6.1552	62.2877	31.0073	3.4354

表 7-2　初始状态四湖流域各景观类型转移概率矩阵（$n=0$）

年代 k 景观类型	年代 $k+1$ 景观类型				
	天然水面	人工水面	水田	旱地	城镇
天然水面	0.9675	0.0021	0.0092	0.0037	0.0001
人工水面	0.0141	0.9726	0.0105	0.0005	0.0001
水田	0.0005	0.0023	0.0653	0.0006	0.0001
旱地	0.0004	0.0004	0	0.9901	0.0081
城镇	0	0.0149	0		0.9913

7.1.2　景观格局变化趋势测算

　　根据马尔可夫过程性质和条件概率的定义，可以运用马尔可夫过程的基本方程：

$$p_{ij}^{(n)} = \sum_{k=0}^{n-1} p_{ik} p_{kj}^{(n-1)} = \sum_{k=0}^{n-1} p_{ik}^{(n-1)} p_{kj} \tag{7-3}$$

求出 1997 年后各湿地景观类型的转移概率矩阵 $P(n)$ 中，任何一年的各元素 $p_{ij}^{(n)}$ 及各湿地景观类型所占比例，因此可以模拟出各湿地景观类型所占比例的变化情况。例如，利用初始状态矩阵，经过 $n=10$ 步转移到 2000 年，得到一个转移概率表（表 7-2）。运用同样方法，可以依次求出 2010 年、2020 年、2030 年、2040 年和 2050 年各湿地景观类型所占的比例（表 7-3）。

　　经过较长的时间后，在保持当前人为干扰不变的前提下，求各湿地景观类型处于相对稳定状态时所可能达到的面积比例之值。湿地景观格局在人类活动长期作用（$A_t \to \infty$）下，最终可能达到各景观类型所占比例与它们初始状态（$A_t=0$）的比例无关，转移概率达到相对稳定状态，$\mathrm{Lim}\, p_{rs}^{(n)} = a_s, s=0, 1, \cdots, (n-1)$。可以附加一个条件 $1 = \sum_{r=0}^{n-1} a_s$。直接根据初始状

态下的转移概率矩阵求解,马尔可夫过程稳定方程组如下:

$$\begin{cases} a_s = \sum_{s=0}^{n-1} a_s P_{rs} \\ 1 = \sum_{s=0}^{n-1} a_s \end{cases}$$

(7-4)

式中,a 为前面的积分值;s 为年份;r 为某一景观要素类型。

表 7-3　各景观类型到稳定状态时比例　　　　　　　单位:%

景观类型	1997 年	2003 年	2010 年	2020 年	2030 年	2040 年	2050 年	$A_t = N$
天然水面	10.2	9.7	9.5	9.4	9.3	9.2	9.1	9.1
人工水面	5.4	6.3	6.6	7.3	8.5	9.2	10.2	11.1
水田	57.1	56.8	56.5	55.8	54.5	54.3	51.9	50.1
旱地	26.3	26.0	25.3	24.3	23.4	22.2	21.6	20.8
城镇	1.0	1.2	2.1	3.2	4.3	5.1	7.2	8.9
合计	100.0	100.0	100.0	100.0	100.0	100.0	100.0	100.0

7.1.3　景观格局变化分析

结合 20 世纪 90 年代中后期和 2000 年初期的江汉平原四湖流域湿地分布情况,可以看出,1997—2003 年,天然水面减少 5809.25hm²,水田减少3485.55hm²,旱地减少3485.55hm²,而明显增加的有城镇用地 2323.70hm² 和人工水面 10 456.66hm²。利用马尔可夫过程模型,得到本区 2003 年以后的湿地景观变化趋势。

(1)天然水面、水田和非湿地(主要是旱地)减少,减少的面积和比例分别为6971.11hm²、77 844.01hm²、60 416.25hm² 和 0.6%、6.7%、5.2%。

(2)人工水面和城镇用地明显增加,增加的面积和比例分别为 55 768.84hm²、89 462.52hm² 和 4.8%、7.7%。

(3)面积减少最大的是水田,所占比例从 2003 年的 56.8% 下降到稳定时期的 50.1%,降幅达 6.7%,是四湖流域变化最剧烈的景观类型;天然水面变化最小,所占比例仅下降0.6%,且一直维持在 10% 左右,基本处于稳定状态。

(4)面积增加最大的是城镇用地,所占比例从 2003 年的 1.2% 上升到最终稳定时期的8.9%,上升 7.7%;其次,人工水面的面积增加也比较明显,比例增加 4.8%。表 7-3 显示了天然水面、人工水面、水田、旱地及城镇用地五个不同景观类型在 1997 年、2003 年以及未来土地利用格局相对稳定时期的面积变化趋势。

出现这样的结果是综合因素造成的,由于经济的发展和人口的增加,用于人工养殖的水面和防洪、水利、旅游、日常生活需要的水面必然得到大量拓展,城乡基础设施和居住、生产空间等占地面积必然增大,城乡一体化和城市化进程加速。其中,通过图像具体判读和解译发现,湖泊面积有所增加是通过控制围垦和实施退田还湖措施而实现的结果。这一过程持续很长一段时间后,便会达到我们所预测的状况:天然水面占 9.1%,相对于 1997 年变化相对比较稳定;人工水面达到 11.1%,较之 1997 年的 5.4%增长了很多;水田占 50.1%,下降了约 7 个百分点,由于其基数大,所以从总量上讲水田减少比较多;水田适度减少,其他农业经济形式增多,比如养殖业的大力发展,是社会经济良性发展的要求和结果;旱地比例为 20.8%,减少幅度也比较大,约有 5.5 个百分点,这主要是旱地被用来修筑水利设施、开挖人工养殖水域,以及城乡建设、居住乃至交通占地在未来的社会发展中比重会大大增加。城镇面积、工矿和交通等建设占地达到 8.9%,增幅比较大,城镇化发展水平较目前大为提高。

7.2　四湖流域景观生态规划过程

7.2.1　最小累计阻力模型

生态过程大致可以分为垂直生态过程和水平生态过程,前者发生在某一地域单元之内,过程之状态直接反应其所依赖的资源的分布,如发生在某一地域单元内的地质水文、植被和动物群落之间的生态过程。在处理这种垂直生态过程时,景观规划专业已发展了一整套的生态规划方法,集中体现为适宜性和可行性分析模型,它最早可以追溯到生态学先驱和规划专家帕特里克·盖迪斯(Patrick Geddes)或更早。这一模式到麦克哈格发展到了高峰,并被称为"千层饼"模式。对垂直生态过程的控制可以直接通过资源本身的改变来完成。水平生态过程则是发生在景观单元之间的流动或相互作用,如物种的空间运动、干扰和灾害的空间扩散。但这种空间动态很难通过"千层饼"模式来表达。

生态学家和地理学家发展了众多的模型来描述水平生态过程,如引力模型(gravity model)和潜在模型(potential model)。这些模型都可以形象地通过潜在表面(potential surface)或趋势表面(trend surface)的等值线来表达,如表示动物空间运动的潜在可能性和可达性表面(surface of accessibility)。所以,要改变景观以控制水平生态过程,一条可能的途径是通过潜在表面判别和设计某种高效的景观格局。

最小累计阻力模型(minimum cumulative resistance,MCR)是一种基于图论的度量方法,最早在 1992 年由 Knaapen 等(1992)提出,用于研究物种从源到目的地运动过程中所需耗费的代价。他们提出用最小累计阻力来作为景观规划的依据,将新引入的斑块设计在低阻力区域以便能更有效地实现生态保护的功能,认识景观生态过程的潜在趋势与景观格局改变之间的关系。

7.2.2　景观安全格局及识别

1)景观安全格局概念

景观中有某些潜在的空间格局,被称为生态安全格局(security patterns,SP),是由景观中某些关键性的局部、位置和空间联系所构成。SP 对维护或控制某种生态过程有着异常重要的意义。SP 组分对过程来说具有主动、空间联系和高效的优势,因而对生态保护和景观改变具有重要的意义。SP 可以根据流动表面的空间特性来判别。一个典型的生物保护安全格局由源、缓冲区、源间联结、辐射道和战略点所组成,这些潜在的景观结构与过程动态曲线上的某些门槛相对应。不论景观是均相的还是异相的,景观中的各点对某种生态的重要性都不是一样的,其中有一些局部、点和空间关系对控制景观水平生态过程起着关键性的作用。这些景观局部、点和空间联系构成景观生态安全格局。它们是现有的或是潜在的生态基础设施(ecological infrastructure)。在一个明显的异质性景观中,SP 组分是可以凭经验判别的,如一个盆地的水口、廊道的断裂处或瓶颈、河流交汇处的分水岭。但是在许多情况下,SP 组分并不能直接凭经验识别。在这种情况下,对景观战略性组分的识别必须通过对生态过程动态和趋势的模拟来实现。SP 组分对控制生态过程的战略意义可以体现在以下三个方面。

(1)主动优势(initiative):SP 组分一旦被某种生态过程占领后,就有先入为主的优势,有利于过程对全局或局部的景观控制。

(2)空间联系优势(co-ordination):SP 组分一旦被某种生态过程占领后,有利于在孤立的景观元素之间建立空间联系。

(3)高效优势(efficiency):SP 组分一旦被某生态过程占领后,就使生态过程控制在全局或局部景观时,在物质、能量上达到高效和经济。从某种意义上讲,高效优势是 SP 的总体特征,它也包含在主动优势和空间联系优势之中。

以湖泊湿地保护为例,一个典型的安全格局包含以下几个景观组分。

(1)源(source):现存的主要湖泊湿地,是湖泊湿地保护、恢复和维持的源点。

(2)缓冲区(buffer zone):环绕源的周边地区,是湖泊湿地恢复的低阻力区。

(3)源间联结(inter-source linkage):相邻两源之间最易联系的低阻力通道。

(4)辐射道(radiating routes):由源向外围景观辐射的低阻力通道。

(5)战略点(strategic point):对沟通相邻源之间联系有关键意义的"跳板"(stepping stone)。

2)景观生态安全格局识别步骤

(1)源的确定。源是景观生态规划的保护对象,而且它们应具有广泛的代表性。

(2)建立阻力面。不同景观类型相互转化和景观格局的改变可以被看作是对空间的竞争性控制和覆盖过程,而这种控制和覆盖必须通过克服阻力来实现,而阻力面反映了空间运动的趋势。MCR 可以用来建立阻力面,该模型考虑三个方面的因素,即源、距离和景观界面特征。基本公式如下:

$$MCR = f_{min} \sum (D_{ij} \times R_i)$$

$$(i = 1,2,3,\cdots,n, \ j = 1,2,3,\cdots,m) \tag{7-5}$$

式中,D_{ij} 为湖泊湿地从源 j 到空间某一点所穿越的某景观的基面 i 空间距离;R_i 为某种景观类型 i 对湖泊湿地的阻力。

式(7-5)是根据 Knaapen 等人的模型和地理信息系统中常用的耗费距离(cost distance)修改而来。耗费距离是指从源经过不同阻力的景观所耗费的费用或者克服阻力所做的功,它反映的是一种可达性,还可以用 MCR、可穿越性及隔离程度等概念来表示。耗费距离是从欧式距离演化而来的,耗费距离或最小加权距离(shortest weighted distance)与普通欧氏距离相似之处,在于强调点与点之间空间上的相对关系,但耗费距离不同于点与点之间实际距离,而是通过确定物质、能量在不同表面的耗费系数来计算。如果源及四周用斑块模型来表示时,欧式距离代表的是目标斑块距离最近源斑块的距离。而耗费距离计算的是一种加权距离,它与空间距离相似,但是它计算的是从目标斑块到最近源斑块的累积耗费距离,它代表的是一种加权距离的形式,而非实际的空间距离,耗费的概念抽象地反映出移动过程中克服阻力所要做的功的大小。利用耗费距离模型来表述详细的地理信息和测算个体之间的连接度源于地理理论,耗费距离能够测定多种空间运动过程,它实质上反映了景观对某种空间运动过程的景观阻力。所有的耗费距离分析都需要输入源点和耗费系数。其中源点指功能的汇聚中心,可能包含一个或多个区域,也可能是相连或不相连的;耗费系数(cost coefficient)表示每个单元对于某种物体或现象运动通过时的摩擦系数,其值的高低代表通过的难易程度。对于源点(source point)所在单元,赋值为1,表示其对运动的阻碍最小。

在湖泊湿地的保护与恢复方面,耗费距离即把不同景观类型恢复为湖泊湿地时所克服的累计阻力,在本研究中,用四湖流域不同景观类型之间的转移概率矩阵来描述阻力值的大小。尽管函数 f 通常是未知的,但反映 MCR 与变量($D_{ij} \times R_i$)之间的正比关系,($D_{ij} \times R_i$)之累计值可以被认为是景观要素从源到空间某一点的某一路径的相对易达性的衡量,其中从所有源到该点阻力的最小值被用来衡量该点的易达性。因此,阻力面反映了景观要素运动的潜在可能性及趋势。

(3)根据阻力面来判别生态安全格局。阻力面是反映物种运动的时空连续体,类似地形表面。阻力面可以用等阻力线表示为一种矢量图(图7-1)。这一阻力表面在源处下陷,在最不易达到的地区阻力面呈峰突起,而两陷之间有低阻力的谷线相连,两峰之间有高阻力的脊线相连。每一谷线和脊线上都各有一鞍,是谷线或脊线上的极值(最大或最小)。根据阻力面,进行空间分析可以判别缓冲区、源间联结、辐射道和战略点。

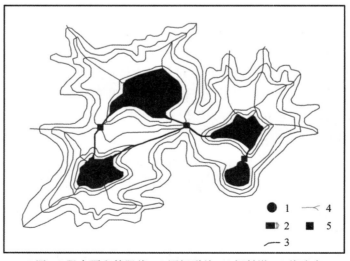

1.源;2.阻力面和等阻线;3.源间联结;4.辐射道;5.战略点

图7-1　阻力面与生态安全格局假设模型

到目前为止,对缓冲区的划分,国际上没有一个科学的方法,本研究则为解决此问题提供了一条新的途径。在 MCR 阻力面基础上,可以做两种曲线,一种曲线是从某一源到最远距离源的某一点做一条垂直于阻力线的剖面曲线,得到的是 MCR 与离源距离的关系曲线;另一条曲线是 MCR 值与面积的关系曲线。在一般情况下,可以假设这两种曲线都有某些阶段性门槛(threshold)的存在。也就是说,随着缓冲区边界向外围的扩展,地面对景观要素的阻力随之增加,但这种增加并不是均匀的,有时是平缓,而有时则非常陡峻。对应于空间格局,缓冲区的有效边界就可以根据这些门槛值来确定。这可以实现缓冲区划分的有效性。

源间联结实际上是阻力面上相邻两源之间的阻力低谷。根据安全层次的不同,源间联结可以有一条或多条。它们是生态流之间的高效通道和联系途径。

从图 7-1 中还可以识别以某源为中心向外辐射的低阻力谷线。辐射通道形同树枝状河流成为某种景观要素向外扩散的低阻力通道。

战略点的识别途径有多种,其中直接从阻力面上反映出来的是以相邻源为中心的等阻力线的相切点。对控制生态流和生态过程有至关重要的意义。

将上述各种存在的和潜在的景观结构组分叠加组合,就形成某一安全水平上的湖泊湿地保护安全格局,不同的安全水平要求有各自相应的安全格局。但每一层次的安全格局都是根据生态过程的动态和趋势的某些门槛值来确定的,而这些门槛值可以通过分析阻力面的空间特性来求得。

7.2.3 四湖流域景观生态规划分析

1)源的确定

四湖流域主要包括湖泊(天然水面)、人工水面、城镇、水田和旱地等五种景观类型,本研究主要考虑湖泊(天然水面)、人工水面和城镇三类景观的空间运动趋势。首先需要确定各种景观类型分别对湖泊湿地恢复、人工水面扩展以及城镇发展的阻力,进而规划确定湖泊、人工水面和城镇最终可能的分布范围和面积。本研究先在 ArcGIS 环境中将湖泊、人工水面、城镇、水田、旱地等现状要素栅格化,便于后续计算,如图 7-2、图 7-3、图 7-4 所示。

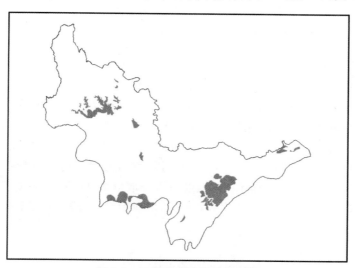

图 7-2 四湖流域湖泊残留斑块

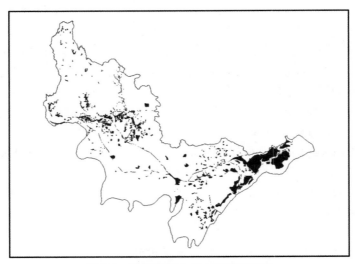

图 7-3　四湖流域人工水面残留斑块

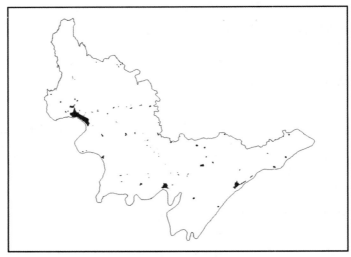

图 7-4　四湖流域城镇斑块

2）阻力系数的确定

四湖流域各种景观类型对湖泊湿地恢复、人工水面扩展和城镇发展的阻力值可以根据各种景观类型之间的相互转化情况来确定（表 7-2），转移概率矩阵反映了不同景观类型之间相互转换的难易程度，因而可以利用转移概率来计算各种阻力值。具体而言，对于湖泊恢复，城镇发展的阻力值最大，取值 100，人工水面扩展次之，取值 60，旱地和水田分别为 55 和 45，湖泊本身取值为 1（图 7-5）；对于人工水面扩展，城镇发展的阻力值依然最大，取值 100，旱地、水田和湖泊分别为 75、45 和 40，人工水面本身取值为 1（图 7-6）；对于城镇发展，湖泊的阻力值最大，取值 100，人工水面次之，取值 80，旱地和水田分别为 50 和 75，城镇本身取值为 1（图 7-7）。

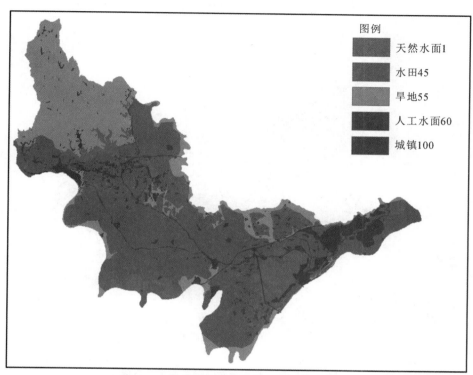

图例
■ 天然水面1
■ 水田45
■ 旱地55
■ 人工水面60
■ 城镇100

图 7-5　不同景观类型相对于湖泊的阻力系数

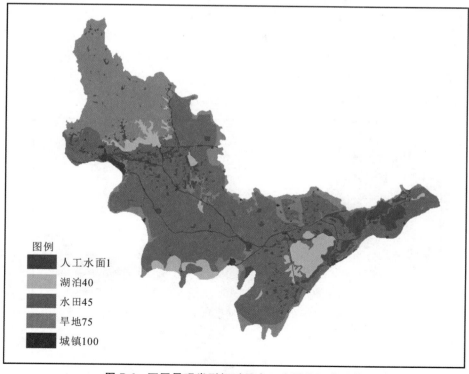

图例
■ 人工水面1
■ 湖泊40
■ 水田45
■ 旱地75
■ 城镇100

图 7-6　不同景观类型相对于人工水面的阻力系数

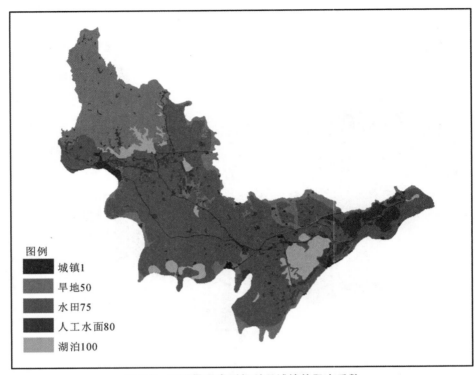

图例
城镇1
旱地50
水田75
人工水面80
湖泊100

图 7-7　不同景观类型相对于城镇的阻力系数

3）阻力面的建立和景观格局的重建

在以上研究和准备工作的基础上，在 ArcGIS 中进行耗费距离计算，建立阻力线和阻力面，提取有效数据，形成图 7-8 至图 7-13 所示的四湖流域湖泊湿地恢复、人工水面扩展和城镇发展阻力面。结合本章前面应用马尔可夫模型对四湖流域景观格局变化的预测，计算确定未来湖泊、人工水面和城镇的面积和实际分布地区（图 7-14 至图 7-19，表 7-4 至表 7-6），然后利用 ArcGIS 的分析叠加功能划分出水田和旱地的分布和面积。

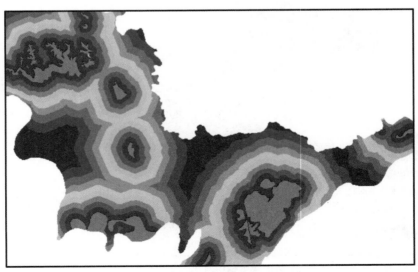

图 7-8　湖泊湿地恢复阻力面

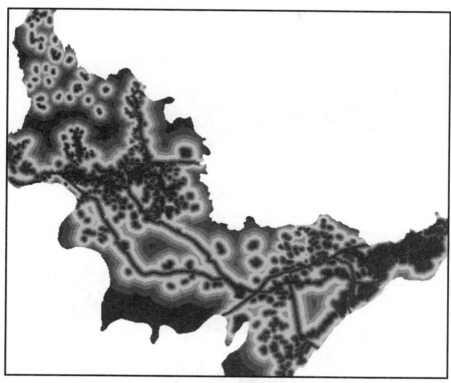

图 7-9　人工水面扩展阻力面

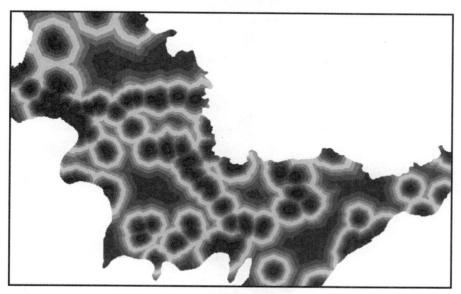

图 7-10　城镇发展阻力面

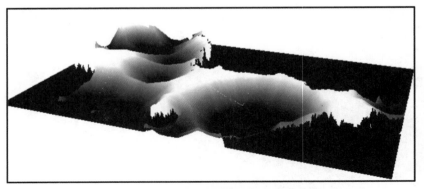

图 7-11 湖泊湿地恢复阻力面三维示意图

图 7-12 人工水面扩展阻力面三维示意图

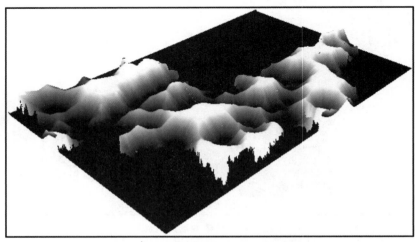

图 7-13 城镇发展阻力面三维示意图

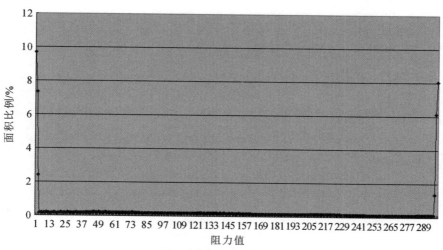

图 7-14   湖泊湿地恢复不同阻力值所占面积比例

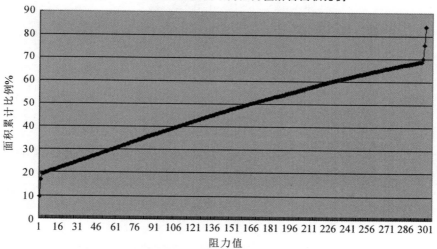

图 7-15   湖泊湿地恢复不同阻力值所占面积累计比例

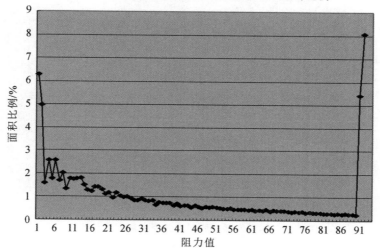

图 7-16   人工水面扩展不同阻力值所占面积比例

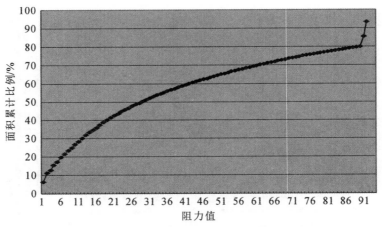

图 7-17   人工水面扩展不同阻力值所占面积累计比例

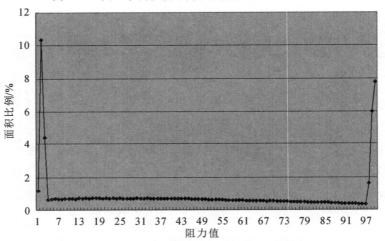

图 7-18   城镇发展不同阻力值所占面积比例

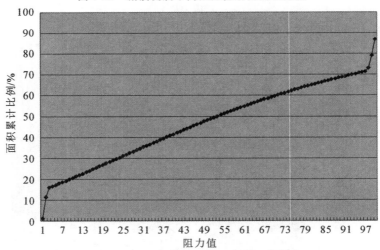

图 7-19   城镇发展不同阻力值所占面积累计比例

表 7-4 湖泊湿地恢复不同阻力值分布表(前 10 类)

阻力值	数量	比例/%	累计比例/%	类型
0	79 042	9.70	9.70	湖泊湿地
2	85 407	7.35	17.05	缓冲区
3	28 048	2.41	19.47	3
4	2321	0.20	19.66	4
5	2055	0.18	19.84	5
6	2210	0.19	20.03	6
7	2280	0.20	20.23	7
8	2056	0.18	20.41	8
9	2444	0.21	20.62	9
10	2206	0.19	20.81	10

表 7-5 人工水面扩展不同阻力值分布表(前 10 类)

阻力值	数量	比例/%	累计比例/%	类型
0	102 605	6.30	6.30	人工水面
2	57 719	4.97	11.27	缓冲区
3	18 588	1.60	12.87	3
4	29 843	2.57	15.44	4
5	20 702	1.78	17.22	5
6	29 966	2.58	19.80	6
7	19 720	1.70	21.49	7
8	23 607	2.03	23.53	8
9	15 499	1.33	24.86	9
10	20 675	1.78	26.64	10

表 7-6 城镇发展不同阻力值分布表(前 10 类)

阻力值	数量	比例/%	累计比例/%	类型
0	13 551	1.17	1.17	城镇
2	120 484	10.37	11.54	缓冲区
3	51 171	4.40	15.94	3
4	7180	0.62	16.56	4
5	7766	0.67	17.23	5
6	7971	0.69	17.91	6

续表

阻力值	数量	比例/%	累计比例/%	类型
7	7739	0.67	18.58	7
8	7608	0.65	19.23	8
9	8068	0.69	19.93	9
10	7951	0.68	20.61	10

　　阻力线封闭的区域为阻力面,阻力面是反映湖泊湿地、人工水面、城镇等要素运动的时空连续体,类似地形表面。在最不易达到的地区阻力面呈峰突起,阻力较低的地区阻力面呈谷下陷,低阻力线内凹处形成槽线,高阻力线外凸处形成脊线。根据最小累计阻力面进行空间分析可以判别出缓冲区、源间联结、辐射道和战略点(图 7-20),与湖泊、人工水面、城镇等格局有着密切的关系,见表 7-7。以湖泊湿地恢复为例,湖泊湿地恢复可以被看成是湖泊这种景观生态要素的一种水平运动过程,是一种生态流。在四湖流域,源就是洪湖、长湖、白露湖、天鹅洲长江故道等天然水域。以其为中心的一定范围内,阻力面下陷成为谷地,这里是湖泊湿地恢复的低阻力区。随着距离湖泊中心(源)越来越远,阻力值越来越大,最终成为隆起的山峰形态,湖泊恢复的阻力值达到最大,也就是说这些地区无法再重新恢复为湖泊。源间联结实际上是阻力面上相邻两源之间的阻力低谷,是湖泊恢复的高效通道和联系途径,实际上也指明了湖泊恢复活动的方向和路径。战略点从阻力面上看就是以相邻源为中心的等阻力线的相切点,对控制生态流有至关重要的意义,也是湖泊等天然水面恢复过程中的重要联结点和枢纽,它对从总体上控制整个四湖流域湖泊湿地恢复有着重要的意义。

图 7-20　四湖流域湖泊湿地恢复阻力面形态图

表 7-7　阻力面格局与景观要素扩展格局关系表

阻力面格局	景观要素扩展格局
源	湖泊、人工水面、城镇
缓冲区	湖泊、人工水面、城镇的扩展范围
源间联结	湖泊等景观要素之间的联结通道(阻力最小)
辐射道	湖泊等向外扩展的最佳方向(阻力最小)
战略点	决定湖泊等扩展的关键点

最小累计阻力模型计算得到的阻力面形态较客观地反映了四湖流域湖泊等景观要素的阻力状况。以湖泊为中心向外,阻力值越来越大,阻力面越来越高(图 7-8),反映湖泊湿地恢复的难度越来越大。在湖泊外围,四湖流域的边界地带形成三个阻力高值区域。第一个是长湖上游,在地形上属于丘陵地区,景观上以旱地为主,同时分布有大量以水库为主的人工水面,这两种景观要素转变为湖泊这种天然水面的转移概率很小,也就是说阻力很大,所以成为湖泊湿地恢复的高值区域。第二个高值区域在四湖流域中区,长江大堤以内、四湖总干渠西南;第三个高值区域在西北,东荆河大堤与洪排河之间的三角地带。这个地带因为处于长江、东荆河大堤以内,受到大堤的阻隔,取水受到一定影响,地表多沙地,景观类型以旱地为主,向湖泊转移的概率很小,同时远离主要湖泊等天然水面,因而累计最小阻力大,成为湖泊湿地恢复的阻力高值区域。其他人工水面、城镇等景观要素的阻力状况与湖泊类似。

同时,随着阻力值的加大,相应的阻力值类型所占面积并没有随之增大,如图 7-14、表 7-4 所示,其实阻力值在 2 以后面积急剧下降,反映在累计比例曲线图 7-15 上,就是该曲线在阻力值为 2 以后变得平缓起来,也就是说随着阻力值变大,累计面积增加变得很缓慢了。说明在此以后实行退田还湖,其效果是不明显的。

为了确定未来的湖泊湿地及其恢复区、人工水面及其扩展区、城镇及其发展区的分布和面积,首先必须确定湖泊、人工水面和城镇的缓冲区,缓冲区就是湖泊等景观要素的恢复、扩展区域。可以通过对以上内容的分析,分别找出湖泊湿地恢复、人工水面扩展和城镇发展阻力值比较小的区域,因为各景观要素类型总是趋向于沿着阻力值最小的方向扩展。四湖流域主要湖泊等天然水域,如洪湖、长湖、白露湖和天鹅洲长江故道的原有水面、缓冲区面积等见表 7-8。洪湖原有水面面积为 $307.93km^2$,缓冲区面积为 $318.24km^2$,湖泊及缓冲区总面积为 $626.17km^2$。其中,洪湖围堤以内面积为 $443.12km^2$,缓冲区面积为 $135.19km^2$,洪湖围堤以外面积为 $183.05km^2$。长湖原有水面面积为 $154.40km^2$,缓冲区面积为 $209.84km^2$,湖泊及缓冲区总面积为 $364.24km^2$。白露湖原有水面面积为 $12.27km^2$,缓冲区面积为 $44.45km^2$,湖泊及缓冲区总面积为 $56.72km^2$。天鹅洲长江故道原有水面面积为 $180.82km^2$,缓冲区面积为 $159.09km^2$,湖泊及缓冲区总面积为 $339.91km^2$。上述几个主要湖泊等天然水面连同缓冲区合计占四湖流域总面积的 11.9%。

表 7-8　主要湖泊及其缓冲区面积表

湖泊	原有水面/km²	缓冲区面积/km²	湖泊及缓冲区总面积/km²
洪湖	307.93	318.24	626.17

湖泊	原有水面/km²	缓冲区面积/km²	湖泊及缓冲区总面积/km²
长湖	154.40	209.84	364.24
白露湖	12.27	44.45	56.72
天鹅洲长江故道	180.82	159.09	339.91
合计	655.43	731.62	1 387.05
占流域比例	5.6%	6.3%	11.9%

同时结合前述研究中通过马尔可夫模型对四湖流域景观结构的预测结果，最终计算确定各个类型的面积和分布。根据上述各种景观类型数据的面积可以计算得出，湖泊、人工水面、城镇的缓冲区面积分别为 85 407.07hm²、57 719.01hm²、120 484.02hm²，占四湖流域总面积分别为 7.4%、5.0%、10.4%，连同湖泊、人工水面和城镇原有的面积，则分别达到 17.1%、11.3%、11.5%。然后利用 ArcGIS 的分析叠加功能，把湖泊、人工水面、水田、旱地和城镇等五种景观要素相互叠加，分别计算每种景观要素的实际分布区域和具体面积。这里又分为两种情况，一种情况与马尔可夫模型对未来四湖流域景观结构的预测结果相对应，各种景观类型面积分别为湖泊 105 728.43hm²、人工水面 127 803.60hm²、水田 582 087.30hm²、旱地 241 664.99hm²、城镇 104 566.58hm²，所占比例分别为 9.1%、11.0%、50.1%、20.8%、9.0%（表 7-9），相应的景观类型分布见图 7-21。因为湖泊面积与现状基本接近，我们称之为不还湖方案。

表 7-9　四湖流域景观类型构成表（不还湖）

序号	景观类型	面积/hm²	比例/%
1	湖泊	105 728.43	9.1
2	人工水面	127 803.60	11.0
3	水田	582 087.30	50.1
4	旱地	241 664.99	20.8
5	城镇	104 566.58	9.0
	合计	1 161 850.90	100.0

另一种情况考虑退田还湖等措施的实施，湖泊面积将显著扩大，相应的水田等景观类型的比例降低，具体的各种景观类型面积分别为湖泊 164 982.83hm²、人工水面 127 803.60hm²、水田 522 832.91hm²、旱地 241 664.99hm²、城镇 104 566.58hm²，所占比例分别为 14.2%、11.0%、45.0%、20.8%、9.0%（表 7-10），相应的景观类型分布见图 7-22。在该方案中，有 59 254.40hm² 的水田需要退田还湖，占四湖流域总面积的 5.1%。

在四湖流域各县市中，实施退田还湖后湖泊总面积和比例不等，无论是湖泊面积，还是湖泊占本县市的比例，都是洪湖市的最大，湖泊面积为 536.21km²，比例为 22.9%；潜江市的最小，湖泊面积为 133.70km²，所占比例仅为 6.7%。各县市的湖泊面积详见表 7-11。

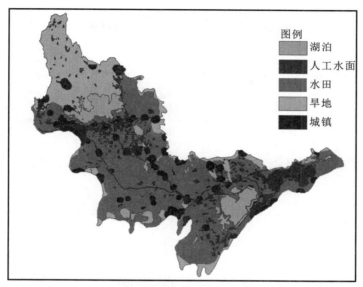

图 7-21　不考虑退田还湖情况下四湖流域景观类型分布图

表 7-10　四湖流域景观类型构成表(还湖)

序号	景观类型	面积/hm²	比例/%
1	湖泊	164 982.83	14.2
2	人工水面	127 803.60	11.0
3	水田	522 832.91	45.0
4	旱地	241 664.99	20.8
5	城镇	104 566.58	9.0
	合计	1 161 850.91	100.0

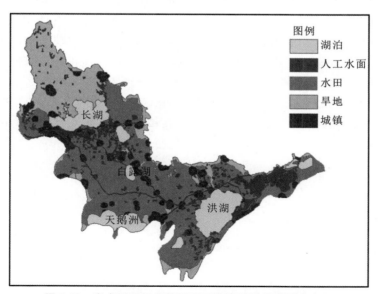

图 7-22　考虑退田还湖情形下四湖流域景观类型分布图

表 7-11　四湖流域各县市湖泊面积表

县市	县市面积/km²	湖泊面积/km²	湖泊比例/%
洪湖	2344.57	536.21	22.9
石首	1426.23	255.12	17.9
沙洋	2044.00	288.61	14.1
监利	3044.17	302.88	9.9
江陵	2585.67	194.54	7.5
潜江	2004.61	133.70	6.7
合计	13 449.25	1711.06	79.0

注:江陵包括现在江陵县和荆州区、沙市区。

7.3　本章结论

　　四湖流域的景观生态规划主要运用了马尔可夫模型和累计最小阻力模型两种方法。利用马尔可夫模型,得到四湖流域景观结构变化趋势:天然水面、水田和非湿地(主要是旱地)减少,人工水面和城镇用地明显增加。面积减少最大的是旱地,是四湖流域变化最剧烈的景观类型;天然水面变化最小,且一直维持在 10% 左右,基本处于稳定状态。面积增加最大的是城镇用地,人工水面的面积增加也比较明显。

　　同时,以马尔可夫模型计算出来的转移概率为基础,计算得到累计最小阻力模型所需要的各景观要素阻力值,并在 ArcGIS 地理信息系统软件中分别得到计算四湖流域湖泊、人工水面和城镇的阻力面形态图和景观安全格局,从而对湖泊、人工水面、水田、旱地和城镇等景观要素的面积和具体分布做出相应规划。具体方案分为两种情况,一种情况与马尔可夫模型对未来四湖流域景观结构的预测结果基本一致,因为湖泊面积与现状基本接近,我们称之为不还湖方案。另一种情况考虑退田还湖等措施的实施,湖泊面积将显著扩大,相应的水田等景观类型的比例降低。具体的各种景观类型面积分别为湖泊 164 982.83hm²、人工水面 127 803.60hm²、水田 522 832.91hm²、旱地 241 664.99hm²、城镇 104 566.58hm²,所占比例分别为 14.2%、11.0%、45.0%、20.8%、9.0%。在该方案中,有 65 158.49hm² 的水田需要退田还湖,占四湖流域总面积的 5.4%。

第八章

四湖流域景观生态建设与生态管理

四湖流域景观生态建设是流域生态管理的重要内容和主要手段,通过景观生态建设达到对全流域的生态管理和综合管理的目的。景观生态建设,是指在景观尺度上的生态建设,它以景观单元空间结构的调整和重新构建为基本手段,包括调整原有的景观格局、引进新的景观组分等,以改善受胁迫或受损失的生态系统功能,提高景观生态系统总体生产力和稳定性,将人类活动对景观演化的影响导入良性循环。景观生态建设的规划,必须对研究区域的景观结构特征进行系统分析,抓住对特定景观生态流有控制意义的关键部位或组分,进行景观斑块的改变或引入,以构建生态上安全、经济上高效的景观安全格局。在洪涝多发区,由于人争水地而导致的调蓄容量减少,是洪涝灾害出现高频率、重创性的灾变趋势的主要原因。

目前,江汉平原四湖流域湿地生态环境问题严重,主要表现在洪涝灾害、水体污染和血吸虫病等三个方面。这些问题的根源都与水有关,即表现为四湖流域湿地水系统紊乱,湖泊、湿地、河流、渠道等水体之间,四湖湖群与长江、汉江、东荆河之间,地表水与地下水之间等水力联系和水文循环受阻,从而导致四湖流域景观结构失衡。尤其是天然水域面积减小,湖泊湿地萎缩,生态功能退化,对洪水的滞纳能力和对污染物的净化能力减弱,湖泊河道淤塞,水流不畅,为钉螺的繁殖滋生创造了条件。因此,江汉平原四湖流域湿地生态环境的综合治理必须从整个区域水系统调整入手,通过区域景观湿地重建,协调天然水域、人工水域、水田、旱地和城镇等各种景观的比例结构和空间布局,改善流域湿地生态结构和功能,从而消除困扰四湖流域湿地的洪涝灾害、水体污染和血吸虫病等多种问题。四湖流域生态管理,就是要通过全流域的景观生态建设,改变目前各种景观组分的比例关系,重建结构协调、功能完善的流域景观生态系统,缓解、消除现存的因景观生态结构失衡而引起的各种生态环境问题。

8.1　退田还湖恢复湖泊湿地

8.1.1　四湖流域洪涝调蓄状况

目前四湖流域主要的生态环境问题都与四湖流域景观结构的变化和功能的失调有关,而其核心在于流域水系统的紊乱。调整四湖流域受到人为干扰的湖泊、湿地、河流、渠道等水系统,重建与流域水系统相适应的湿地景观生态系统,充分发挥湿地景观生态系统的功能,减轻困扰四湖流域的洪、涝、渍、旱灾害,以及水体污染和血吸虫病威胁等的生态、环境与社会问题,实现全流域的可持续发展。

洪涝灾害一直是四湖流域的心腹之患。外洪是来自长江、汉江、东荆河的洪水,尤其是长江洪水威胁甚大,洪水位高出内垸农田 10～15m。长江洪水多发期为 6—9 月,而每次洪水历时较长,特大洪水多发生在 7 月。汉江及东荆河洪水多发期为 7—10 月,特大洪水多发生在 9—10 月,如两江洪水遭遇,就会造成四湖地区的特大自然灾害,例如 1954 年。汉江洪水历时较短,但来势迅猛,也有相当威胁。四湖流域大暴雨会引起内洪。流域上游为丘陵区,坡陡水急,汇流快,注入长湖;长湖既是平原湖泊,又有水库特点。中游的地面径流,大多受到人工控制,农田涝水绝大部分都用泵站提排入干渠,再汇入洪湖调蓄区。暴雨期间主要干渠及两湖水位迅速抬高,形成洪水,威胁四湖全流域。据研究,当湖泊面积与湖泊汇水面积之比为 8%～15% 时,湖泊调蓄效应较大,电排能力尚能应付;倘若小于 8%,湖泊调蓄量不足,就易加剧洪涝灾害。

四湖流域洪涝灾害的形成主要在于流域排水不畅和调蓄不足。人们长期以来围湖造田,湖泊湿地锐减,大量来水失去了天然调蓄之所。四湖流域周围被长江、汉江、东荆河大堤所环绕,上游丘陵山区的来水和中下区的径流出路不畅,仅通过几个有限的闸口泵站外排入江。四湖流域特殊的微地貌形态可以看成是大量浅碟形的洼地所构成,这些洼地就是一个个相对独立封闭的圩垸,各个圩垸为求自保纷纷向外抽排积水,加重了总干渠和整个流域的排水负担。汛期全流域都忙着抢排积水,流域内水位降低,水资源减少,而到了春季需要灌溉的季节地表往往无水用,从而形成春旱,这时则需要从外江提水灌溉,加大了农业灌溉成本。围湖造田、减少调蓄水面的做法贻害无穷。

四湖流域长期的围湖造田在增加耕地的同时也付出了代价,一方面是生态环境的恶化;另一方面是水资源开发利用的恶性循环。围湖、减少调蓄区,抬高河渠水位,使得排水困难,建设一级电排站,进一步围湖造田,新建更多的二级电排站,再抬高河渠水位,进一步使得排水困难,再以排涝要求新建一级电排站。

以洪湖、长湖和福田寺闸上总干渠水位为例,20 世纪 70 年代以后洪湖水位平均抬高0.6m,长湖水位抬高 0.4m,福田寺闸上总干渠水位与 1983 年比抬高了 1.9m。壅高总干渠水位以后,农民为了保住围田成果,不断新建二级电排站,加大进入总干渠的流量,直接结果是抬高其水位。这反过来又使得由下游至上游不断增加二级电排站。以前能够自流排水的西干渠和四湖总干渠上段都不得不兴建二级电排站,使得提排区已经接近总干渠之首。目前,四湖流域二级电排站流量已有 $1100m^3/s$ 以上,超过一级电排站的外排流量。

四湖排水系统可分为主要排水系统及二级排水系统。四湖流域的主要排水系统(一级排水系统)设施用于储蓄、自排和电排涝水,这些设施包括:

(1)长湖和洪湖两个调蓄湖泊。

(2)总干渠、西干渠、东干渠、田关河、螺山干渠和洪排河六大干渠。

(3)田关和新滩口等 4 座重要水闸,总设计流量 $1725m^3/s$。

(4)田关、高潭口、新滩口等 17 座一级泵站,总设计流量 $1190.4m^3/s$。(表 8-1)

四湖二级排水系统由 754 座二级泵站及其配套系统组成,主要目的是尽快排除农田涝水,免除农田作物损失。

表 8-1 四湖流域主要泵站

一级泵站	装机容量/kW	设计流量/(m³·s⁻¹)	排水面积/km²	承纳水体
田关	6×2800	220.0	442.0	东荆河
老新、新沟、半路堤	16400	163.8	604.9	东荆河、长江
高潭口	10×1600	210.0	1056.0	东荆河
新滩口	10×1600	220.0		
南套沟、大同、大沙、燕窝、龙口、高桥、石码头、鸭耳河、仰口	17870	197.0	1155.0	长江
螺山	6×2200	99.6	935.0	长江
杨林山	10×800	80.0		

目前长江、汉江堤防防御能力已达 40 年一遇,内部洪涝的治理成为四湖的主攻目标。

进一步提高四湖流域的防洪除涝标准,根治洪、涝、渍、旱等自然灾害,不宜再扩大排水泵站装机规模和兴建新的电排站,而应该通过调整流域的水系结构、重建和恢复良好的流域景观生态结构和功能来实现。抛弃几十年围湖造田、无计划建站、恶化生态环境的做法,提倡排区增加调蓄湖泊、洪湖内垸全退还湖、白露湖退田还湖调蓄洪水等与以前相反的措施,适当地还债,也替后代留下好的生态环境。改变过去大排、大引的做法,即一方面大建电排站大量排水及时排水,另一方面从汉江、长江引水大水漫灌。应该考虑整个流域的水资源合理配置,全面规划一级、二级和田间灌排体系,力求做到地表与地下、涝与排、湖泊调蓄与泵站外排、湖泊排水调蓄与湖泊蓄水资源的利用和调度相结合。退田还湖既可调蓄洪水,又可利用汛期涝水汛末回蓄作为冬灌和春灌水源。

退田还湖扩大湖泊湿地面积,一方面可以增加调蓄面积和容积,减轻和消除洪涝灾害;另一方面可以增加水环境容量,提高水体自净能力,减轻水体污染,改善湿地生态环境。

8.1.2 退田还湖工程

1) 洪湖退田还湖

洪湖的作用无论是对四湖流域的防洪和其他经济活动,还是对地区的生态环境都是不可替代的。在 20 世纪五六十年代围湖造田,使三湖、白露湖消失,洪湖逐步被蚕食之后,如今得以保留的湖体更弥足珍贵。所有防洪系统的调蓄任务都压在它的头上,人们还在利益驱使下掠夺其资源,使得防洪有其局限性。

一是洪湖的调蓄能力有限,而且洪湖围堤以内面积(444km²)中有 42 个内垸,总面积达 111km²,其中非法围湖的内垸有 40 个(面积 94km²),即内垸占去洪湖面积的 1/4。

二是随着洪湖蓄水位的提高,其调蓄作用也受到某些限制。洪湖水位在 26.0m 以下时,福田寺以上、高潭口排区(通过洪排河与子贝渊、下新河)和下区(通过下内荆河小港)的内涝水可进入洪湖调蓄;而当湖水位超过 26.0m 高程时,只有福田寺以上来水可以入湖调蓄。因为洪排河与下内荆河的允许高水位是 26.0m,此时下区还有新滩口、南套沟等加足马力排水(流量达 280～300m³/s),而高潭口排区则外排能力不足(流量仅有 210m³/s)。

　　一般情况下,汛期开始遭遇暴雨时,各泵站先不开机,争先恐后向洪湖进水,使得湖水位迅速上涨,假如雨量持续时间不长、量也不是特别大,降雨后期,高潭口排区、下区开足马力排湖,洪湖利用剩余容积容蓄福田寺以上来水,可能保证系统安全。如果洪湖水位超过26.5m还持续降雨,则不得不采用内垸扒口、停排二级站(拉电闸)、防汛抢险和外垸分洪了。

　　假如白露湖和三湖保留,洪湖保持原来面积,围堤高度保持与洪排河及下内荆河同高(高水位维持水位26.0～26.5m),则系统的防洪与排涝任务就主动得多。高潭口排区就恢复原来以洪湖为调蓄区的做法,可以提高排涝标准,减少一级泵站扩建的容量;下区以现有的排水能力足够排田与排湖;福田寺以上总干渠的水位得以大幅度降低,二级泵站规模和数量可以大大减少。而以往湖泊容积减少,排渠水位上升,二级站个数和流量增加,一级泵站能力不够,排渠水位继续上升,二级站能力再增加,这样的恶性循环就不会发生。

　　现在,我们应该采取这样的思路:退田还湖、建设生态备蓄区,增加湖泊面积,降低湖水位和总干渠水位,排区圩垸也退田还湖,发展水体农业,减少或限制二级泵站能力,合理调整泵站位置和调度规则,统一泵站与湖泊调蓄调控调度。

　　42个内垸大多是非法围湖的产物,但它是一个现实存在,且还有一定的经济规模(农田有1200hm²,鱼池有5933hm²)的内垸。此次研究拟定两种内垸处理方式,一种是维持现状,另一种是大部分退田还湖。维持现状的研究并不是承认其围湖的合法性,而是它已经存在,因而具有现实性。事实上在目前的四湖中下区排水调度中是不得不考虑它的存在和作用的。内垸全退是大势所趋,是终究要实施的方案,这一点毋庸置疑。

　　依据研究结果,内垸具有在洪湖高水位(>26.5m)时储备紧急防洪库容的作用,而且作用比较明显。而对内垸全退,洪湖作为一个整体调蓄,它的水位上涨较慢,一旦达到高水位时,就没有这种防洪库容的储备。简单来说,在有内垸的情况下洪湖水位上涨较快,涨到26.5～26.8m也较快,但此时内垸还有约2.8×10⁸ m³容积储备,40个内垸扒口相当于有40个小分洪区,可以逐个扒口提供不同的调蓄量,一旦满足要求则无须其他内垸扒口分洪,从而减少了内垸损失。如果洪水位在26.7～26.8m仍预报上游有降雨,内垸全部分洪可以调蓄削去洪水尖峰(表8-2)。

表8-2　洪湖全退湖容表

高程/m	湖容/10⁶ m³	高程/m	湖容/10⁶ m³	高程/m	湖容/10⁶ m³	高程/m	湖容/10⁶ m³
23.3	110.3125	24.4	450.1356	25.6	828.8772	26.6	1144.495
23.5	166.3875	24.6	513.2592	25.8	892.0008	26.8	1207.619
23.6	195.875	24.8	576.3828	26	955.1244	27	1278.744
23.8	259.37	25	639.5064	26.2	1048.248	27.2	1333.866
24	323.8884	25.2	702.63	26.4	1081.367	27.4	1396.99
24.2	387.012	25.4	765.7536	26.5	1112.933		

资料来源:《四湖流域水管理与可持续发展综合研究》项目报告。

　　对于内垸全退,洪湖面积恢复到427km²,洪湖水位由于库容增加,在汛期将较慢上升,无疑对于排涝和调蓄非常有利。但湖水位上升到较高时必须考虑要留下2×10⁸～3×10⁸ m³调蓄容积以备万一发生的洪水尖峰流量入湖。所以,内垸全退以后,与内垸现状相应的运行水位(如起排水位、统排水位)应该降低,调度规则要修改。据此模拟分析对比,在同样工程规模(一级站容量)的条件下,运行规则中的起排水位和统排水位要降低0.6m。这也就是说,应较早在较低的水位时就开始启动泵站排水或机组全开,并且每个汛期都要预留相当的防洪库容。

2) 白露湖退田还湖

白露湖原来是面积为85km²的天然湖泊,位于四湖流域中区上半部的中间部位。若能利用它来调蓄洪水,真是还其大自然的本来面目。然而,至今已萎缩殆尽,都已改为鱼池和农田了。白露湖在20世纪50年代中期仍是一个白鹭成群、水丰鱼肥的湖泊,发挥涵养水源、调节洪水和水生物繁衍等维持生态多样化的作用。1958年开挖的总干渠从湖中心穿过,使得水位下降、湖底暴露,逐渐开垦成为耕地和鱼池,只剩下5.4km²水面。但原湖区范围的西大垸农场、潜江张金、江陵和监利农村的经济和人民生活仍处于较低的发展水平。

白露湖退田还湖工程,连接总干渠和西干渠,同时接纳十周河、龙湖河的来水,可以形成一个水面为20~30km²的湖泊,作为上游水系入洪湖前的缓冲湖,对缓解洪湖水污染大有裨益。湖渠连通,对流域内涝也可以起到调节作用。这样不但增大湖泊调蓄洪水的湖容,而且水面扩大对湖泊湿地的恢复也很关键。白露湖调蓄洪水的作用相当显著,其结果是一方面有助于降低洪湖水位或者说提高了系统防洪标准,在防洪标准已定的情况下可以减少扩建泵站的装机;另一方面是可以降低伍场闸以下福田寺以上的水位。对于沿线圩垸排涝有好处。白露湖所处地理位置对调蓄洪水、削减总干渠水位、减少下游洪涝灾害的作用特别显著,还湖后对自然环境的改善也是不言而喻的。由于白露湖退田还湖而减少扩建泵站装机台数和相应工程量的效果见表8-3。

表8-3　白露湖退田还湖(30km²)对工程设计规模的影响

对比序号	方案	白露湖	泵站装机/台					流量/(m³·s⁻¹)	
			高潭口	新堤	么口	老新二站	小北口	总流量	流量差
1	1	无		5			3	171.3	57
	2	有		3			3	114.3	
2	7	无	5	4			3	247.8	120
	8	有	2	2			3	127.8	
3	14	无			6		3	199.8	85.5
	15	有			3		3	114.3	
4	20	无	5		5		3	276.3	99
	21	有			3		3	177.3	

资料来源:《四湖流域水管理与可持续发展综合研究》项目报告。

白露湖退田还湖规划面积30km²,最高水位为28.7m,最低水位为26.5m,调蓄容积为$3.72×10^7m^3$。在总干渠田阳、伍岔河分别建进洪闸,伍岔河伍场附近建泄水闸。另外开挖精养鱼池34km²。超过10年一遇洪水才考虑开闸分洪规划调蓄。

3) 螺山排区和内垸退田还湖

螺山排区是20世纪70年代围湖造田后形成的,原属于洪湖沼泽地那一部分面积上的农田,地势低洼,极易受涝,经济效益不好。排水面积有 1155km²,主要排水干渠为下内荆河。如将这部分区域退田还原为调蓄区,进行水体农业开发,可以成为经济效益较好的地区;同时又可以达到好的生态环境效果。增加调蓄面积后,螺山排区其他农田的排水标准就提高了。在这些调蓄区中规划一定面积的备蓄区,使洪湖的超额洪水入区调蓄,进而提高流域的防洪标准,取得一举两得的效果。刻画出一定面积的调蓄区,调蓄区分布在螺山渠右岸一定距离的范围内。

在现有状况下,内垸在特大洪水时或湖泊高水位时用于分蓄洪,其分蓄洪的频率为 10 年一遇。内垸的使用会使湖面增加约 94km²,占比增加 28%。历史上,这些内垸为洪湖的一部分,因人工堤的修建,内垸与湖泊分隔。目前,这些内垸主要从事农业和水产养殖,包括一些精养鱼池。增加二级站装机容量对提高排涝标准有利,但是必须同时增加外排能力。反过来,为了满足防洪要求,又对二级站的能力进行了限制,形成恶性循环。为此,需要通过增加各个内垸的水面率,增多田间调蓄水量的办法,达到提高排涝标准的目的。

内垸是构成四湖流域景观的基本单元,也是排水体系中具有相对独立性的基本单元,四湖流域的干流洪水,大部分是由各个内垸单元在暴雨期的提排汇流而形成的。要利用调整内垸景观结构的手段,尽量减少各个内垸向干流的提排流量。在各个内垸的内部,为了增加自身的调蓄容量,可以采取如下一些结构调整手段。

(1)基塘系统的构建将易涝易渍的低湖田深挖塘、高筑基,形成果基鱼塘、草基鱼塘等高效的基塘系统。根据调查和测算,每公顷的水田,开挖成精养鱼池后,按精养鱼池水深比稻田增加 1.5m 计算,可以增加 $1.5×10^4$m³ 的蓄水量,是一种生态和经济效益都十分显著的生态工程模式。洪湖市的湘口村,将 2hm² 的低潮田全部改造成精养鱼池,每年节省排水成本 200 万元,增加收入 700 万元,由过去的贫困村变成了洪湖市的 3 个红旗村之一。四湖地区目前还有低洼易涝地 $2.3×10^4$hm²,其中,除涝能力不够 5 年一遇标准的有 $3.6×10^4$hm²,如果这 $3.6×10^4$hm² 的低湖田全部改造成以精养鱼池为主的基塘系统,可以增加水面 $2×10^4$hm²,减少提排 $3×10^8$m³,这就在很大程度上解决了内部的洪涝问题。同时,还能提高资源利用的经济效益。

(2)稻田开深沟养鱼。所有推广地区都证明,稻田养鱼是一种兼具生态和经济效益的生态工程模式。在四湖地区,为适应排涝需要,可以将稻田的沟挖得深一些,起垄起得高一些,使得这一模式在调节渍水方面的作用更大一些。如果对 $8.7×10^4$hm² 的易涝田实施稻田养鱼,按 10∶1 的沟田比,0.5m 的水深计算,可以蓄水 $4.35×10^7$m³。

8.2　河湖湿地生态修复

8.2.1　湖泊与湖滨带生态修复

湖泊湿地是流域生态系统的重要组成部分,具有纳污、灌溉、养殖、调蓄洪水、调节气候、保存物种等诸多功能。但是,湖泊湿地是一个很脆弱的生态系统,很容易遭到破坏,而且一旦破坏,很难恢复。湖滨带是湖泊生态系统与流域陆地生态系统间一种十分重要的生态过渡带,是湖泊的天然保护屏障,且极易受到外界损害。由于盲目围湖造田,洪湖、长湖的湖滨生态系统遭到破坏,实施湖滨生态修复工程是两湖治理的关键。湖滨生态修复包括生态护坡(岸)建设、滩地和浅水区水生植被重建等。生态护坡(岸)工程可以有效治理水土流失,防止湖泊进一步萎缩。岸边植被带形成一道防护屏障,具有截污、过滤及净化水质的功能,能够阻止农业面污染源直接入湖。滨水植被如莲、荷、芦苇等还是一道亮丽的景观,可以美化环境,为生态旅游创造条件。

四湖流域是江汉湖群的重要组成部分。这片河间洼地原为内陆湖,因自然淤浅及围湖造田,致使湖泊日渐被分割,遂形成今日"星罗棋布"的面貌。20 世纪 20 年代,湖泊总面积为 1949.2km²。历史上几次特大洪水年,荆江大堤决口,四湖地区洪水泛滥,众多洼地积水,湖面扩展,20 世纪 50 年代湖泊面积增加至 2033km²。20 世纪 50 年代以来,淤积和围垦使湖群急剧缩小乃至消失,湖泊总面积已减至 844km²。盲目围垦,减少了湖泊蓄水面积,导致大片垦区常年积水,地下水位抬高,影响农业生产。

现在四湖流域的主要湖泊有长湖和洪湖,还有一些面积较小的湖泊,如借粮湖、白露湖、螺山莲场等。长湖地跨荆州、荆门、潜江三市,系四湖流域的四大湖泊之一。该湖介于丘陵区和平原湖泊区的接合部,属于岗边湖类型,承雨面积为 2265km²。新中国成立后,长湖经过治理,已成为四湖流域上区的重要调蓄湖泊,具有防洪调蓄、灌溉养殖、水运等综合功能。目前长湖的有效调蓄量为 2.72×10⁸m³,调蓄湖面积为 150km²,堤顶高程 34.5m,有效调蓄容积为 5.34×10⁸m³。洪湖是四湖流域中最大的湖泊,也是湖北省最大的淡水湖泊。位于洪湖、监利两县市境内,承雨面积为 10 352km²。通过多年的改造与治理,洪湖已由原来的天然湖泊变成为一座大型的平原水库型湖泊,成为四湖地区最大的蓄水工程,具有防洪调蓄、提供灌溉水源和生态环境、养殖、航运、旅游等综合功能。目前洪湖调蓄湖面积为 402km²,堤顶高程 28~30m,有效调蓄容积为 6.79×10⁸m³,可调蓄四湖中区面积为 5045km²(不含螺山),是 10 年一遇 3 日暴雨的径流总量。洪湖阻隔后,经过多年的围垦,湖泊面积缩小,不仅导致洪湖湿地生态系统的退化,同时也增加了洪涝灾害的风险。江湖连通有可能会造成防洪风险的增加,因此,需要适当退田还湖,以增加洪湖的蓄水面积。在洪湖周围设立适当面积的集中调蓄区比单纯提高装机流量的效益要高。通过退田还湖,不仅扩大了湖泊面积,为水生生物提供了更多的生存环境,有利于保护湖泊湿地生物多样性,而且增加了蓄洪容积,减轻了通江防洪风险。

当前,四湖流域众多湖泊缺乏湖滨湿地的保护,面临着萎缩、水体污染和富营养化的威胁,应该加强湖滨生态建设,进行湖泊湿地生态修复,重建湖泊良好的生态系统。如果在长湖、洪湖等周围建立一定宽度的湖滨湿地,并栽种莲、荷、芦苇等水生植被,则将具有截污、过滤及净化水质的功能,能够阻止农业面污染源直接入湖,形成一道防护屏障,有效地保护天然湖泊水域。将长湖、洪湖周边洼地、滩涂、民垸内的农民、渔民撤迁出来,建立新村镇,实行退田还湖、退垸还湖,使洪湖周边形成水生植物带,为鸟类栖息创造一个好的环境,恢复洪湖湿地原始原貌,发挥其生态功能。同时,通过移民建镇,改善农民居住条件和生活环境,促进农村城镇化建设。

8.2.2　河流与河岸缓冲带生态修复

河流修复是指将受污染的河流恢复至原来没有受干扰的状态,或者恢复到某种合适的状态。在实际修复中，一般很难将河流修复到原来没有受到人为干扰的状态。因此，一般只是适当修复，既恢复河流的生态功能，又能满足人类的需要。

自然净化是河流的一个重要特征，指河流受到污染后能够在一定程度上通过自然净化使河流恢复到受污染以前的状态。污染物进入河流后，有机物在微生物作用下，进行氧化降解，逐渐被分解，最后变为无机物。随着有机物被降解，细菌经历着生长繁殖和死亡的过程。当有机物被去除后，河水水质改善，河流中的其他生物也逐渐重新出现，生态系统最后得到恢复。

河岸缓冲带是指与河流相邻的，对污染物、沉积物和洪水具有一定缓冲能力的水陆交错带生态土地，其功能的发挥与地形、水文、植被和土壤等因素有关。它的作用包括植被覆盖地表，可以避免溅蚀，减缓雨滴的冲力，能够减缓雨水的流速，使得雨水有更多的时间向土壤渗透，从而减少土壤的流失，降低洪水的危害程度，植被可以将侵蚀率降低数十倍；加强了土壤的结构稳固性，增强了其凝聚力；增加了粗糙度，降低了表面径流的速度，阻止颗粒物的迁移；截留农业面源污染对河流的影响。岸边带对于控制河流水质、维持河床的稳定和生物多样性等起着非常重要的作用。河岸带植被可以用作生态过滤带，也可以吸引鸟栖息植被地区，从而提高了生物多样性，提高河流自然净化能力。

四湖流域的主要河流（渠道）有四湖总干渠-内荆河、东干渠、西干渠、田关河和洪排河等。四湖总干渠-内荆河是四湖流域的主要河流。内荆河是湖北省境内长度仅次于清江和河床海拔最低的河流。古名夏水，曾是长江的分支河流。发源于荆门市西北部，经江陵、沙市、监利三县市区，至洪湖市新滩口入长江，全长358km。沿线串连长湖、三湖、白露湖、洪湖、大沙湖等湖泊，联络数以百计的大小河渠、溪沟，干支流总长达3494km。河流发育在四湖洼地中，河床出长湖时为海拔28m，入江口则为15m。河道迂回曲折，一般宽约百米。20世纪50年代以来，对内荆河水系分三区进行治理（四湖流域上区、中区和下区），长湖以上支流水系不变，以下扩挖疏浚，局部改线重挖新河，命名为四湖总干渠。该渠设计流量为90～460m³/s，底宽为30～130m，渠底高程为25.36～16.00m，经裁弯取直后全长为184.5km。

在治理四湖总干渠-内荆河时，为减轻其排水负担及考虑改善排水后灌溉的需要，在总干渠东、西两边坡地与平原交界的地点，布置东干渠和西干渠，其中西干渠排灌两用。西干渠起于沙市雷家垱，东南行经砖桥至东市进入江陵县，向南行经资福寺、彭家河滩至齐家河岭，东行历刘家剅、谭彩剅、秦家场至靳家剅进入监利县，继而东行经姚家集、汪家桥、汤河口至泥井口汇入总干渠，全长90.65km。东干渠是四湖排水三大干渠之一。它跨越四湖上区、中区，源于荆门市李市镇唐家垴，由北向南经陈场闸进入潜江市，继而经熊口、新河口、徐李市至冉家集汇入总干渠，全长60.26km，其中荆门境内长8km，潜江境内长52.26km。该渠在高场与田关河交叉，通过高场南、北闸与田关河分合，又通过高场倒虹管连成整体。以田关河为界，北为上东干渠，南为下东干渠，上东干渠有26.26km，下东干渠有34km。东干渠汇流面积335.4km²，设计流量为14～83m³/s，渠底高程为30.86～23.08m，底宽为7～36m。东干渠效益显著，担负着荆门、潜江共计54 900hm²农田排水任务，在汛期还分泄长湖和田关河的溃水。东干渠挖通后，汇流范围内10多个湖泊及洼地积水迅速消泄，被开垦的农田，仅潜江境内就达15 667hm²。

田关河是四湖流域上区田北片及其调蓄湖泊——长湖的主要排水通道。它西起长湖刘岭闸,东抵田关汇入东荆河,地跨荆门、潜江两市,全长 30.46km。田关河挖通后,与长湖联合拦截四湖流域上区的渍水,汛期利用田关河抢排入东荆河,同时又承担田关泵站提排的输水任务。

洪排河是洪湖分蓄洪工程项目之一,是在兴建洪湖主隔堤时需土筑堤结合挖河而成。该河从监利县长江干堤半路堤至洪湖市高潭口接东荆河(河道线路与主隔堤线路完全相同),全长 64.82km。洪排河在洪湖蓄洪区未分洪时,是高潭口泵站、半路堤泵站的引水河道;分洪后是四湖流域中区主要排涝河道,中区渍水由高潭口电排站和半路堤电排站排出。

在四湖流域,要开展对长江,汉江,东荆河,四湖总干渠、西干渠、东干渠,洪排河,田关河等天然河流和人工渠道的修复工作,沿河流建立规模不等的河岸缓冲带,重建河流生态系统,恢复河流的生态功能,截流陆地输送到河流中的泥沙和污染物,充分利用河流生态系统的自净能力来消除水体污染。通过在河岸缓冲带大规模的人工造林、种草,重建植被,形成绿色走廊,不仅可以极大地减轻河渠淤积和污染,还可以在发生严重外洪内涝的条件下分蓄一部分洪水,做到一举多得。

8.2.3 水生植被重建工程

水生植被是湖泊湿地生态系统中的重要角色,除了其本身的物种价值外,它为水生动物(昆虫、鸟类)提供了良好的栖息地,更重要的是水生植被能够吸附、降解水中的氮(N)、磷(P)等营养盐及部分重金属,还能产生氧气,增强湖泊水体的自净能力。由于种种原因导致流域内两大湖泊的水生植被被严重破坏,修复重建工作迫在眉睫。待到围湖网箱拆除后,恢复水体原有的植被。根据洪湖、长湖的湖盆形态和水文、底质条件确定其水生植被重建规模分别为 $2.5×10^6 m^2$ 和 $1×10^6 m^2$。根据湖泊纳污情况,还可以合理引种适宜水体生长的除污物种,增强水体自净能力及生物多样性。水生植物在生长过程中能够不断地吸附、吸收,分解水中的营养盐和污染物,大量水生植物可对水体产生净化作用(成水平 等,2002)。比如水生维管植物对有机污染物的净化效果明显;藻类能有效去除有毒物质等。有研究表明,菰(*Zizania caduciflora*)、慈姑(*Sagittaria sagittifolia*)对城市污水生化需氧量(BOD)的去除率可达 80%;芦苇(*Phragmites australis*)、香蒲(*Typha orientalis*)、眼子菜(*Potamogeton distinctus*)和凤眼蓝(*Eichhornia crassipes*)等可去除石油废水的有机污染物达 95%;每公顷凤眼莲每年可吸收氮 1989kg、磷 322kg、钾 3188kg,每公顷香蒲每年可吸收氮 2630kg、磷 403kg、钾 4570kg(贺锋 等,2003)。

8.2.4 实施湿地生态农业

低湖田是大规模围湖垦殖的产物,在湖垸中地势最低,涝渍不断,土壤黏重且潜沼化程度高,是传统植稻方式的主要低产田,而且改造难度大。而水生和湿地植物的耐水、耐涝和耐潜育特性对低湖田有高度的适应性,不但容易获得优质高产,而且还能促进湖垸湿地生态系统环境条件的改善。加大抗灾能力强的水生植物的种植,如莲藕等植株高大且高度能随农田水位的升高而增加,体内又有通气孔道,具有高度抗洪耐涝能力。湿生、水生植物的抗涝能力增加了湖垸内部的调蓄容量,提高了湖垸系统的抗灾能力。据研究,在夏季洪涝期间,短期水深 1.5m 对于莲藕和茭白,水深 2m 对于芡实,水深 4m 对于菱角,都不会成灾。成片的湿生、水生植物种植区,可显著增加调蓄容量,以洪涝期平均蓄水 1m 水深计,在不增加排涝装机的情况下,相当于解决了5倍以上湖垸的地表径流,极大减轻了湖垸内部排涝压力。同时,所蓄之水还可供附近农田干旱时灌溉之用。在湿生、水生植物带,实行挺水植物与水生生物之间的套种、套养,如稻田养鱼、藕田养鱼、鱼菱共生等模式,实现低湖田高产高效。湿生、水生植物的引入,部分或全部恢复了沼泽湿地的环境条件,有利于土壤有机物质的积累,且长期水层的存在与化肥农药使用减少,还保护了其他水生动植物的生存环境,甚至成为鸟类栖息的场所。湿地生物物种资源的增加,有利于系统的稳定性和湿地资源的持续利用。

在恢复水生植被的同时,实施生态渔业工程,实施不同水生动物的混养,如精养鱼池中适度放养名特优水产品,精养鱼池中青鱼、草鱼、鲤、鲫、鳊、鳜等的混养。调整鱼类群落结构,控制草食性鱼类和河蟹的放养数量,合理放养滤食性鱼类。滤食性鱼类如鳙、鲢等以低龄浮游藻类为食,可以有效控制藻类疯长,避免水体产生富营养化,也为水生植被的修复创造了条件。

8.3　江湖连通工程

水是维持生物地球化学循环的重要媒介,也是湖泊河流生态系统的重要组成部分。为了保证湖泊生态系统获得较好的自净能力,满足水生生物生长繁殖需要,保护湖泊湿地防洪、抗旱、灌溉、供水、航运、休闲娱乐等功能的发挥,保证湖泊河流等湿地生态系统可持续发展,需要江湖之间的能量流、物质流和信息流正常流转。

然而几千年来人们在江汉平原上修筑堤坝,建设闸站,围垦湖州滩地甚至湖泊水域。虽然这在一定程度上解决人地矛盾和抵御洪涝灾害,但也造成了江湖阻隔的格局,引起了湖泊萎缩、调蓄量下降,洪涝威胁仍然存在的客观事实。

过去,在长期的生产过程中和当时的社会经济条件下,人们本为"防患而筑堤,复因筑堤而增患,因果相乘,为祸愈烈"。现在,人们已经认识到单靠提高水利工程措施标准来防御洪水不能从根本上解决洪涝灾害问题,反而对人们赖以生存的自然生态系统造成了严重的损害。所以,人们在反思以往治水方式和经济发展道路时,提出了可持续发展思想。重建江湖联系的目标就是要在保证大多数人生命财产安全的情况下,恢复江河之间的物质和能量交流,恢复受损的湖泊生态系统,保护湖泊湿地资源,有效维持湖泊湿地生态、经济功能,减轻洪水威胁,以便最终保证湖区经济的可持续发展。

自1950年以来,人们对四湖流域进行治理,兴建涵闸、泵站,疏挖渠道,围湖造田等,使四湖流域由开放的湖沼湿地变成目前的大量湖泊萎缩,调蓄能力减弱,水体自净能力下降,鱼类洄游受阻,生物多样性较差的平原渠网。实施退田还湖、退垸还湖、江湖连通工程,进行水网修复和生态补水,对四湖流域的生态修复至关重要。

根据不同湖泊的自然地理条件、阻隔情况以及湖泊周边经济发展水平和湖泊功能定位等,有几种通江方式可以选择。

(1)通过闸口调度,在不同的季节,通过涵闸引水放水,实现季节性通江。此种通江方式的特点是受人为调控比较明显,对于沟通江湖之间物质能量交流以及对湖泊湿地生态系统恢复推动作用的大小与闸口调度时机与频度、开闸时间、引水或放水水量等有很大关系。

（2）江湖之间的连通不受人工设施的阻碍，湖泊、故道水文过程完全依赖于长江水文的涨落过程，使湖泊、故道的物质和生物交流处于自由、自然的状态。这种连通方式会使湖泊河漫滩面积增加，湿地功能趋于完善，并形成完整的江湖复合生态系统。

（3）修建过鱼设施。该连通方式主要偏重于解决江湖洄游性鱼类在湖泊与江河之间的洄游问题。对湖泊和长江鱼类的交流有一定的积极作用，但受交流水量的关系，该种方式对湖泊湿地的恢复和保护有限。

江汉平原四湖流域中几乎所有湖泊的阻隔都是因为堤防建设，这些湖泊的水位由涵闸来调控。闸口的调度是实现季节性通江的关键，而影响闸口调度的技术方面的因素有江湖连通口河段河势变化、冲淤变化、洲滩变化、水位变化等。解决河流水文情势演变是实施季节性通江的工程基础。出于经济和防洪安全考虑，拆除涵闸，实现江湖水流无阻碍交流的时机还不成熟，而第三种通江方式效果有限，因此，绝大多数情况下还是以季节性通江方式。在此仅对这种通江方式下的有关措施和对策进行阐述。根据四湖水系的特点，可以实施三条线路引水，改善流域水污染状况。线路一是从万城闸引沮漳河水，经南排渠入护城河—荆沙河—西干渠—总干渠，此线路主要是引清冲污，缓解荆州城区的水污染现状。线路二是从万城闸引沮漳河水，经太湖港—长湖—总干渠—白露湖—洪湖—长江，此线路可以增加长湖的换水频次，有效解决长湖水污染问题，并对白露湖实施了生态补水。这两条线路可以借助"引江济汉"工程来实施。线路三是从螺山泵站引水经螺山干渠入洪湖—张大口闸、小港闸—总干渠—长江，此线路可以增加洪湖的换水频次，解决洪湖富营养化的问题，同时起到生态补水的作用。长江科学院何广水等（2006）采用一维水沙数学模型分析了三峡工程建成运行之后，宜昌至大通段河道的冲淤变化和沿江宜昌、沙市、石首、监利、螺山、武汉、九江等站的水位变化。研究结果表明，三峡大坝下游宜昌至大通河段将发生长距离长时间冲刷，沿程同流量的水位下降（表 8-4、表 8-5）。

表 8-4 三峡工程运行后宜昌至大通河段的冲淤变化 单位：10^8 t

项目	宜昌—城陵矶	城陵矶—武汉	武汉—大通	合计
最大冲刷量	25.05	14.82	6.20	46.07

表 8-5 三峡工程运行后各站水位变化

宜昌至九江段	宜昌	沙市	石首	监利	螺山	武汉	九江
不同区段流量	流量＝5500m³/s				流量＝7500m³/s		
水位降低值/m	0.81～0.97	1.94～2.09	2.73～3.45	2.40～3.40	1.64～1.91	0.68～0.78	0.35～0.55

注：水位降低值是指与 1993 年水位比较。

河流的冲淤变化会导致河岸线崩退及河床的淤积。闸口及其上游地段的河岸线崩退和闸口地段近岸的河床淤积将会影响闸口的存在和运行安全。三峡工程运行后，坝下游河道在同流量条件下水位的大幅度下降也影响闸口的正常运行。因而在实行季节性通江之前，要采取措施消除这些不利影响。

　　护岸工程是控制河势稳定、抑制河岸线崩退的有效措施,对闸口地段或临近闸口的河岸线崩退,应针对引起河岸线崩塌的原因,河岸线崩塌的发展趋势,以及拟护岸段的地质、地形条件,选择适当的护岸材料,在枯水期实施护岸工程。对于闸口地段近岸河床淤积和江湖连通港道的泥沙淤积,可采取定期挖泥清沙。对于水位下降,可根据多年水位变化情势预测优化闸口的调度方案,也可以适当改造闸坝的底板高程来解决。

　　洪湖的江湖连通具有典型意义。由于人口和经济因素,实现洪湖与长江的自然连通还不可能,只能是通过涵闸与长江季节性相通。洪湖与长江连通需要通过新堤排水闸的调控实现。闸口的科学调度关系到洪湖湿地防洪、排涝、养殖、灌溉、生物栖息地等各项功能的正常发挥。该闸位于螺山至赤壁山河段的南门洲的左汊右岸。1998 年大洪水之后,南门洲左右汊分流比稳定,左汊分流比略有上升。南门洲的冲淤变化使左汊的进流条件更有利。据推算,在三峡工程运行初期,连通口门的水位在各级流量下基本不变(何广水 等,2006)。新堤排水闸的底板高程为 19.6m,低于洪湖湖底高程及长江汛期水位。因此,从技术角度考虑,实施江湖连通不需要对闸口进行改造。

　　闸口调度关键是要以洪湖湿地各功能需求水位为基础,协调各部门利益,确定合理的调控方案。根据洪湖挖沟子水文站 40 年观测资料,洪湖年最高水位处于 24.58～27.18m(1969 年长江大堤决堤时洪湖最高水位为 27.46m),多年平均最高水位为 25.74m;年最低水位在 22.87～23.92m,多年平均最低水位为 23.47m;年平均水位在 23.72～24.87m,多年平均水位为 24.31m。年水位变幅在 1～4m,平均为 2.3m。一般年份,洪湖水位在 24.0～26.5m波动,年水位变幅在 2m 左右;在严重洪涝年份,洪湖最高水位可达 27m,年内水位变幅超过 3m。

　　洪湖水位变化趋势主要受降水及其年内分配的影响。4—9 月降水量大,湖水位上涨;在 10 月至次年的 3 月,降水量少,湖水位下降。洪湖水位的季节性变化给许多湿地生物的生长繁殖创造了条件,但洪湖水位的涨落超过了一定的界限也会对湿地生物造成一定的影响,特别需要洪湖在枯水季节维持一个最低水位下限,在洪水季节维持一个最高水位上限,作为洪湖最适生态水位变幅。建议由当地政府部门、水利部门、自然资源部门、农业部门、环保部门和洪湖国家级自然保护区管理局等部门组成协商委员会,根据当年洪湖和长江水位变化,结合各功能水位要求确定调控水位。从保护洪湖湿地生态系统不退化,实现区域社会-经济-生态的可持续发展的角度考虑,最低水位控制线应在最低生态水位线 23.63m 之上。在此基础上再考虑其他水位需求才具有意义。

　　另外,湖泊及江湖汇流通道的泥沙淤积不可避免,要做好湖区水网小流域的水土保持,定期对湖泊及江湖汇流通道进行清淤,清淤量不少于同期淤积量,湖泊清淤分布面广,应确保清淤出的湖泥不再进入湖内,切实解决泥沙淤积问题。

8.4　生态灭螺与综合血吸虫病防治

　　生态灭螺防病,就是在整个流域调整和优化土地利用结构,并实施一系列的配套技术措施,控制水、沙流失,彻底改变原洲滩的生态条件,使重新建立的生态系统内部因子,既能朝着不利于钉螺滋生传播的方向变化,又能朝着有利于林农牧渔副业全面发展的方向转化,以达到生态灭螺防病和提高经济效益的最佳组合。

8.4.1 发展复合高效滩地经济、破坏钉螺滋生环境

湖泊滩地兼有水陆两重性质,属半陆半水的生态系统,且具有调节径流,增殖水产、围垦种植、改善湖泊生态环境等多种功能,但也是钉螺滋生、繁衍的良好场所。因此,必须掌握各类滩地的水情动态变化规律,从而有利于防洪、治涝、灭螺、防病,发挥滩地资源优势,促进湖泊生态系统良性循环的角度,大力发展复合高效滩地生态经济。为此有建议如下:

(1)宜林高位滩地,以农林为主体,通过机耕毁芦翻垦、平整土地、开沟沥水、大行距造林、林下间种农作物等配套技术措施,彻底改变原来滩地的生态因子,破坏钉螺滋生环境。同时,通过翻垦间种,充分利用水土资源,选择高效良种和高新种植技术,以取得良好的经济、生态效益。

(2)中位滩地,以牧、稻、渔等产业为主体,准确地掌握滩地显露与淹没规律,巧妙地利用时间与空间,科学地把牧、渔、稻、水结合起来。滩地显露期,放牧、割草养鱼,控制滩地杂草丛生蔓延;在低洼滩地上筑坝拦蓄,或挖沟渠降低湖底高程,使滩地淹没期,增加水面和水深,以利于调洪、落淤、种稻、养鱼。

(3)低位滩地,积极开展挖湖培田,建设槽台相间的高效生态农业模式。即在滩地上挖槽培田,槽内泥土可培宽垒高台田,当台田高度能摆脱一般洪水威胁后,不再加高,并鼓励农民用泥土烧砖瓦或加固防洪大堤。台田四周为沟,沟沟相通,可通水、落淤、行船。为防止台田边坡坍塌,坡脚植林护坡,坡腰植喜湿耐淹高秆乔木,边坡上植桑、麻,顶部种植粮、棉、油作物。不宜台田的低洼滩地修建精养鱼池,发展水产业。该模式既体现了不围而垦的利用方式,缓解了人与湖水争地的尖锐矛盾,就地消化了泥沙和洪水,又采取了一系列高新技术配套措施发展生态经济,以致充分发挥滩地的优势,促进生态、经济、环境的良性循环,进而使滩地的生态因子不断地朝着不利于钉螺滋生的方向发展。

(4)钉螺易感浅水区,建立水生经济植物圈和拦养竹帘增殖保护圈,前者种植莲藕、菱角、荸荠等,后者养殖蟹、龟鳖、野禽、珍珠等名、优、特、新、稀产品。以此减少农民接触疫水的机会,且可获得最佳经济效益。

8.4.2 合理利用草滩植物资源,切断钉螺传播途径

四湖流域草滩植物资源丰富,分布面积大,有荻、芦苇群落和禾草、苔草群落,且均具有繁殖快、经济效益高等特点。草滩植物是优质的牧草资源,但由于这些草滩植物主要分布在高位滩地上,荻、芦苇具有阻水滞流促淤的作用,则成为泥沙淤积、洪水壅高、钉螺滋生的主要因素之一。同时草类也是钉螺栖息,扩散之地。因此,对湖区草滩植物资源开发利用的有效途径包括:在坚持谁经营、谁受益、谁灭螺的原则下,巩固在非行洪区范围内的荻、芦苇基地,努力提高科技育荻、芦苇水平,增加单位面积产量,对滋生在行洪洲滩或河道两侧的荻、芦苇,应结合洪道清淤把障碍彻底清除;对易感洲滩芦苇应采用机械压芦翻垦,挖沟沥水,改种蚕豆、油菜等春收作物,以达到防洪灭螺、确保经济持续增长的目标。积极引种苜蓿、白三叶、黑麦草和鸡脚草等草类,优化草类结构,提高单位面积鲜草生物量。同时对有螺湖草合理开发利用,即由有关部门组织专业人员用机械割草,用机械打捆,筛螺灭螺,再将鲜草堆放

升温,使湖草达到无害化后,廉价售给农民,鼓励农民利用饲草资源,大力发展系列化畜牧业产业。

8.4.3 植树造林保持水土,减少入湖泥沙

四湖流域由于垸外湖河长期受到泥沙的淤积,堤垸的抗洪能力被泥沙沉积和洪水位不断壅高所削弱,导致湖区洪溃、决堤灾害频繁发生。泛滥的洪水把垸外的钉螺和疫水带入垸内,并迅速扩散,使垸内曾灭螺达标的村庄、耕地、水域复发了钉螺,且易感面扩大。应该调整长江中上游和四湖流域上游山地丘陵土地利用结构,根据长江中上游山地丘陵综合治理效应的平均值测算,每治理 $1km^2$ 水土流失面积可增加蓄水能力 $5.0 \times 10^4 m^3$,减少土壤流失 3000t,减少地表径流 10%,滞洪削峰 20%。因此,必须以政策为导向,有计划地退耕还林,即大于 25°的陡坡和水土流失严重地区,要强制性杜绝开荒,对已开垦地段也要尽快退耕还林;对水土资源较丰富、水土流失潜在因素较小的已垦农地,可建设配置水土保持措施的梯田,发展水土保持型生态农业模式,以减轻土壤侵蚀、提高"土壤水库"的调蓄能力。这样,通过扩大四湖流域自身的蓄洪行洪能力,减少洪涝灾害的发生次数,隔断外江向四湖流域内部钉螺扩散的渠道,从而达到防治血吸虫病的目的。

8.4.4 实施生态水利工程灭螺

在进行防洪、河道治理或灌区建设、改造时,对河道或有螺渠道采用混凝土或其他材料进行硬化处理,使钉螺无法生存和繁衍;在堤防外侧修筑护堤平台,覆盖堤脚和部分堤坡,结合筑台取土,一般形成宽 3~5m、深 2m 的隔离沟,沟中每年淹水持续 8 个月以上(超过钉螺的耐受限度),从而隔断和杀灭钉螺;在易感地带涵闸的闸口处修建沉螺池,使经过沉螺池的水流流速骤减,当钉螺随水流进入沉螺池时,沉淀于池底,防止钉螺向渠道扩散,池内钉螺可用药物杀死。

钉螺的繁殖和生长与水位紧密联系。根据钉螺的生长发育习性及湖泊历年水位情况,确定湖泊的最低有螺高程和最高有螺高程,结合鱼汛等因素,调节通江水位,达到灭螺目的。

8.4.5 调整生产生活方式

感染血吸虫病与人们的生产方式、生活习惯和生存环境有很大关系。直接取用河湖水、间接接触粪水等都容易感染血吸虫病。所以,应修建水厂、蓄水池、水井等,解决疫区人畜饮用水安全问题,同时修建排水工程,妥善处理生活污水,加强牲畜家禽粪便管理,营造良好的生活环境。

人群感染血吸虫病的途径一般是水田耕作、沟渠引水、捕鱼、戏水、洗衣、打草等(沈定文等,1996)。牲畜感染途径主要是草洲放牧、水田耕作等。春秋季节是尾蚴最适宜逸出的时期,也是草滩初淹或出露和捕鱼、放牧的时间,所以这一时期是人畜感染的危险期,因此应该在此期间禁止捕鱼和放牧,避免人畜因接触疫水而感染。同时春季也是鱼群产卵繁殖和植物生长的最佳时间,禁渔、禁牧也是保护鱼类繁殖和湿地植被的重要措施,有利于保护湖泊湿地生物多样性和生态恢复。

8.5 四湖流域湿地生物多样性保护

四湖流域湿地生态系统生物多样性丰富,且有较高的生产力,是许多珍禽及水生动植物的栖息、生长地。保护好湿地生物多样性,是湿地生态系统充分发挥系统生态功能的必要前提,因而也是持续发展的必要条件。洪湖湿地生物多样性保护问题在四湖流域具有代表性和典型性,也更加紧迫,推进洪湖湿地生物多样性保护刻不容缓。

8.5.1 湖泊生物多样性变化

在 20 世纪 60 年代初期,洪湖有鱼类 64 种,到了 20 世纪 80 年代,下降到 54 种,90 年代初期为 57 种,历次调查所记录的共有 81 种,其中有 14 种在 1964 年之后没有出现。宋天祥等人(1999)计算了 1959 年、1981 年和 1993 年的鱼类生物多样性(表 8-6)。结果表明,洪湖生物多样性指数和均匀度较高有逐渐降低的趋势。

表 8-6 不同年份洪湖鱼类种数多样性和均匀度

时期	物种数	多样性指数	最大多样度	均匀度指数
1959—1960	64	2.6768	6.0000	0.4461
1981—1982	54	2.1638	5.7549	0.3586
1992—1993	57	2.1904	5.8074	0.3772

注:宋天祥等(1999)。

不仅鱼类种数和鱼类多样性下降了,鱼类群落结构也发生了较大变化。江湖阻隔不久,大型鱼类占多数,到 20 世纪 80 年代,即转变为以鲫、黄颡鱼和红鳍原鲌为主的"三小"。到了 20 世纪 90 年代,小型鱼类更多,群落结构转变为包括鲫、黄颡鱼、红鳍原鲌、沙塘鳢和刺鳅等"众小"局面,江湖洄游性鱼类除草鱼、鲢有的是从养殖场逸入湖区外,其余种类在渔获物中仅是偶尔出现。在各时期渔获物中,大型鱼类的比例从 20 世纪 60 年代初期的 46% 的绝对优势下降到了 80 年代的不足 10%,90 年代则进一步减少为 6.7%。洄游性鱼类从 20 世纪 60 年代的 14% 下降到 0.5%,到了 20 世纪 90 年代就变得很稀有了(表 8-7)。

表 8-7 不同时期洪湖渔获物比例

时期	大中型渔获物比例	洄游性渔获物比例
20 世纪 60 年代	46%	14%
20 世纪 80 年代	9.8%	0.5%
20 世纪 90 年代	6.7%	鲜见

注:宋天祥等(1999)。

此外,围垦缩小了鱼类的生存空间,而水利管理部门为了防洪的需要,每年冬季排空湖水以腾湖容,使得洪湖冬季水位过低,使鱼类难以寻觅食物和越冬,且更易被捕获,从而加速了洪湖鱼类资源的衰竭。洪湖环境封闭性和单一化,加剧了鱼类物种间的竞争,小型鱼类的种类数也较阻隔的初期有所减少。

除鱼类生物多样性的减少外,其他物种数量和种群多样性也发生了变化。据胡鸿兴等(2005)调查研究,洪湖阻隔后水禽的多样性呈逐年下降趋势(表8-8),尤其是国家重点保护动物黑鹳、白鹳等种群数量下降剧烈。

表 8-8 洪湖水禽多样性指数变化

时期	1951—1960	1961—1970	1971—1980	1980—1985	1988	1989	1990	1991
多样性指数	1.239	1.539	1.141	0.987	0.929	0.705	0.683	0.522

注:胡鸿兴等(2005)。

洪湖湿地生物多样性的下降主要原因在于围湖垦殖、水体污染和围网养鱼。20世纪50年代后,在"以粮为纲"前提下,洪湖和国内大部分淡水湖泊一样,遭受了大面积的围垦和开发,为缓解洪湖的水患之苦,又大兴水利建设,先后对洪湖进行了3次大规模的围湖垦荒活动,建成了洪湖隔堤、螺山电排河、新滩节制闸。至此洪湖水位虽然可以利用江、湖之间的水位差异,通过节制闸进行人工调控,但洪湖的水系从此与长江失去了联系,生物的繁衍受到制约,同时因为有了节制闸的控制,使得洪湖的围垦成为可能。几十年的围湖造田、酷渔滥捕,洪湖的湿地面积大为缩小,生态环境和生物多样性遭到严重破坏与威胁。

8.5.2 湖泊生物多样性保护

1) 江湖连通,灌江纳苗

灌江纳苗是长江中下游多数湖泊江湖阻隔后提出的一个补救措施,包括顺灌和倒灌两种方式。顺灌是在每年汛期,主动开闸将长江的水引入湖泊,使鱼苗随江水入湖而进入湖泊。通江有两个时段可选择。

(1)当江水水位高于湖泊水位时,开闸引江水入湖,即顺灌。从鱼汛考虑,顺灌的最佳时期有两次:一次是5月上旬,长江洪峰来临前,尽量灌进鲶等凶猛鱼类的鱼苗,这一时期应密切控制引入水量以便为洪水高峰预留湖容;另一次是6月中下旬以后,开闸引水,既可以消纳长江洪水,也可引进四大家鱼为主的洄游性鱼类鱼苗。开闸通江要综合考虑防汛、排涝、血吸虫病防治、泥沙淤积、鱼汛等因素,在鱼汛高峰期(6月中旬至7月上旬)开闸纳苗,采取顺灌,使长江中鱼、蟹苗种随水流入湖,以获得灌江纳苗的最佳效果。

(2)倒灌即在每年的冬、春排水入长江,让当年、隔年的鱼种和成鱼逆流入湖达到资源增殖的效果。在10月至次年5月洪湖水位高于长江水位时,开闸让湖水泻入长江,即倒灌。由于鱼类具有逆流习性,在放水时期,长江的鱼类会有一部分进入湖泊。

2) 限制、禁止湖泊围网养殖,恢复湖泊鱼类资源

在四湖流域,湖泊的厄运直接来自围垦和围网养殖,洪湖首当其冲。20世纪50年代初,洪湖面积达73 333hm²。20世纪50—70年代,湖区大肆围垦四周浅滩,致使水域面积骤然缩小至35 333hm²,湿地植被遭到无情破坏,候鸟水禽被大量猎杀,野生鱼类遭到酷渔滥捕。20世纪80年代初,洪湖因水草太多,面临沼泽化危险。到20世纪90年代初,洪湖的野生鱼资源日渐枯竭,自由渔民已无鱼可捕。中国科学院专家提出适度发展围网养殖,以鱼虾控制水草疯长。洪湖天然水域平均每公顷产鱼375kg,而围网养殖每公顷达到2250～3000kg。到2004年底,洪湖35 333hm²水面中围网养殖面积达24 666hm²,占湖区面积的71%。围

网养殖使洪湖水底的河床间抬高,整体水质下降到地表水Ⅳ—Ⅴ类。

随着洪湖自然保护区的成立,政府对四湖流域环境综合整治和重点湖泊保护与修复的重视和加强,如今洪湖水质明显改善,植被覆盖率明显提高,鱼种、鸟类种群和数量均明显增加。沉水植物覆盖率由32%上升到95%,挺水植物由6.7hm²上升至近200hm²,部分水域水质已经由Ⅳ—Ⅴ类恢复至Ⅱ—Ⅲ类;2008年的观测结果显示,来洪湖越冬的候鸟种类已经由拆围前的20种左右增加到近50种,数量增至3×10⁵只。东方白鹳和小天鹅这些在洪湖消失多年的珍稀鸟类,如今也飞回了洪湖。洪湖要继续加大拆围的力度,拆除保护区、核心区和缓冲区内的全部围栏网,逐步恢复洪湖的自然生态。

3) 适当封湖(江)禁渔,人工增殖投放

在洪湖、长湖等重要湖泊和长江、汉江等河流关键河段,每年定期实行禁渔制度,每年春季禁渔3个月,对渔业资源实行休养生息,为鱼类和水生动物的繁殖、产卵、觅饵、育肥提供必要的条件,逐步恢复鱼类和水生生物资源。洪湖湿地自然保护区要实行全面封湖禁渔,停止捕鱼等生产、开发活动,保护区所辖的核心区和缓冲区禁止旅游和航运。通过这些强制措施,在封湖禁渔期间,同步实施补植水草、增殖投放、灌江纳苗等生态修复工程。除了实行禁渔以外,还要开展人工增殖放流活动,投放四大家鱼、银鱼、鲫、鲤、鳊等常规品种的鱼苗和其他特种(珍惜)鱼类,加快长江、汉江、湖泊等水域渔业资源的恢复。

鉴于解禁之后渔民的疯狂捕捞,在禁渔期部分得到恢复的渔业资源重新面临着过度捕捞,严重伤害渔业资源,影响禁渔效果,因此有必要建立一批经济鱼类自然保护区或禁渔区,让鱼类长时间地得到休养生息。这些鱼类自然保护区或禁渔区应该设在重要的鱼类和水生动物栖息地、产卵地和自然保护区的核心区域,如洪湖、长湖湿地自然保护区的核心区等。

4) 合理控制湖泊水位

水位的高低及其变动范围、频率、发生的时间、持续的时长和规律性等是影响湖泊水生植被的核心因子。水位短期变动通过对水体中的悬浮物、透明度、光衰减系数等的影响而对水生植被产生作用;周期性的年内季节性和年际水位变动可对水生植被的生态适宜性产生影响,并进而改变其时空分布;长期的高水位和低水位以及非周期性的水位季节变动会破坏水生植被长期以来对水位周期性变化所产生的适应性,从而影响植被的正常生长、繁衍和演替。对于湖泊生态系统而言,存在着一个适宜水位。在此水位下,湖泊中的物种和群落可正常生存、繁衍和演替,生态系统的结构和功能可得到维系,生物完整性和生态系统的健康状态能得以保障。

在一定的湖泊湿地区域内,一般来说,水位的缓慢上涨不会影响生物生存空间,但若水位过高,对于鱼类繁殖和水禽生活则有一定影响,因为水位上涨会淹没一部分鱼类产卵和水禽觅食的草滩和栖息场所。洪湖水位上涨的汛期,冬候鸟已飞往北方,主要是夏候鸟和旅禽。这些水禽多以苔草和小型的水生生物为食;鱼群一般在3月底至5月底产卵。参照洪湖多年水文条件和洲滩分布高程,洪湖冬春季节的水位不应该低于23.63m,夏秋季节水位不高于25m的水位要求,是维持和发展湿地生态系统的适宜水位条件。

从自然保护区管理角度看,最低生态水位对应的水面必须覆盖核心区,因为核心区是天然状态的生态系统以及珍稀、濒危动植物的集中分布地,最有保护价值,是最需要保护的区域。根据洪湖自然保护区总体规划,保护区核心区面积为128.51km²,缓冲区面积为43.36km²,当水位为23.63m时,相应的水面积约为223.08km²,远大于核心区和缓冲区面积之和。可见生态最低水位可以满足保护天然状态的生态系统以及珍稀、濒危动植物的管护目标。

8.6 分蓄洪区建设

长江中下游洪水峰高量大,在遭遇大洪水时,除充分利用河道泄洪能力排洪入海和上游修水库拦蓄洪水外,仍有相当大的超额洪水需要妥善处理。利用蓄滞洪区有计划地分蓄洪水是确保重点地区防洪安全、减少洪灾损失的一种有效措施,即使三峡水库建成投入运用,长江中下游蓄滞洪区仍需运用。因此,搞好蓄滞洪区建设与管理是长江中下游防洪建设的一项长期任务。根据长江中下游防洪规划总体安排,遇 1954 年洪水,长江中下游地区需分蓄洪约 $5 \times 10^{10} \, m^3$。其中荆江地区为 $5.4 \times 10^9 \, m^3$,城陵矶附近区为 $3.2 \times 10^{10} \, m^3$(长江以北片区、洞庭湖区各分蓄 $1.6 \times 10^{10} \, m^3$),武汉附近区为 $6.8 \times 10^9 \, m^3$,湖口附近区为 $5 \times 10^9 \, m^3$。目前长江中下游平原区已建和按规划安排了荆江分洪区、浣市扩大区、虎西备蓄区等 40 个蓄滞洪区,总面积约为 $1.19 \times 10^4 \, km^2$,耕地面积 $5536.8 km^2$,人口约有 6.25×10^6,有效蓄洪容积约为 $6.27 \times 10^{10} \, m^3$(表 8-9)。

表 8-9 长江中下游蓄滞洪区基本情况表

所在地区	蓄洪面积/km^2	耕地面积/km^2	人口/(10^4人)	有效容积/($10^8 m^3$)
荆江地区	1358	632.7	85.82	71.60
城陵矶附近区	5623	2390.1	287.47	344.75
武汉附近区	2922	1548.0	186.76	122.80
湖口附近区	2009	966.0	65.40	88.84
合计	11 911	5536.8	625.45	627.99

20 世纪 50 年代以来,由于实现分洪的机会很少,随着平原洪区人口的增多、经济的发展,特别是改革开放以来有一部分分蓄洪区已开辟为开发区,现有的分蓄洪区大多已成为农村经济的重要产业地带,一旦要分洪,带来的经济损失很大,而且临时转移人口也十分困难,因此很有必要制定分蓄洪区经济发展与人口增加的限制政策和补偿政策,此外还必须有计划地对安全台、安全楼房和转移道路及行洪设施进行建设,统一进行移民建镇。

对四湖流域而言,为了抵御 1954 年和 1998 年类型的洪涝灾害,解决大约 $9 \times 10^8 \, m^3$ 的超额水量出路,在四湖地区现有的水利条件下,保留一定面积的分蓄洪区是十分必要的。目前规划中作为分蓄洪区的有 4 个,面积合计为 $170 km^2$。洪湖分蓄洪工程位于荆江北岸的四湖中下游地区,东南西三面滨长江,北邻东荆河,西北以主隔堤洪排河为界,与四湖中区毗邻。东隔堤工程是在洪湖分蓄区修筑东隔堤,将东隔堤以东区域作为应急区域,以确保分蓄洪区的财产安全和经济发展。该堤横跨分蓄洪区南北,从南面乌林的腰口闸到北面汊河的金湾,全长 24km,蓄洪容积为 $6 \times 10^9 \, m^3$。东隔堤以东的区域内有 5 个乡镇,分别是老湾、龙口、燕窝、新滩口、黄家口,以及汊河东北部的部分村和乌林东部的部分村。另有大沙湖和大同湖

2 个农场。但是,这些地方的安全设施建设都没有达到标准,一旦实施分洪,不仅会造成不必要的经济损失,而且无法保证人民的生命安全。在这些地方,应按照"分洪保安全、不分洪保丰收"的原则,在景观结构的调整方面,引进足够的安全设施组分,减少其他有碍泄洪的人工景观组分。

8.7　四湖流域综合管理

中国环境与发展国际合作委员会将流域综合管理定义为在流域的尺度上,通过跨部门与跨行政区的协调管理,开发、利用和保护水、土、生物等资源,最大限度地适应自然规律,充分利用生态系统功能,实现全流域的经济、社会和环境福利的最大化以及流域的可持续发展。

流域综合管理是基于生态系统对水资源、水环境、水土流失等环境问题的综合治理,而不是各要素管理的简单相加。它既非仅仅依靠工程措施,也非简单恢复河流自然状态,而是通过综合性措施重建生命之河的系统综合管理(陈宜瑜,2005)。

流域综合管理理念是人们在治理环境问题过程中逐步形成并发展起来的。在 20 世纪60 年代湖泊河流等水体污染、水质下降等水环境问题已经受到各国政府的重视,并在此后致力于严格控制工业制造等点源污染以恢复和保护水体环境,但结果却并不如意。因为湖泊河流水质的污染还与流域内的面源污染以及因湿地减少导致自然系统自净能力下降有密切关系。在这种背景下,1992 年的联合国环境与发展大会提出环境保护要有系统的、综合的观点,并在会上形成以流域为单元进行综合开发和管理的思路。目前,流域综合管理的观点已经被世界各国政府及学者广泛接受(李恒鹏 等,2004)。

流域综合管理不仅仅是治理水环境问题实践的选择,更是流域特征所决定的解决环境问题的道路。流域生态系统通过水文过程、生物过程与地球化学过程提供淡水等流域产品和服务,并使流域成为一个有机整体。流域内上下游之间,各子生态系统之间相互联系、相互影响。上游地区的土地利用、土地覆被、资源与环境管理的变化等均会对下游地区造成影响。例如,上游的森林砍伐、大坝建设、矿物开采、工业发展等可能会造成下游地区洪水威胁加大、泥沙淤积、湖泊萎缩、水质下降等。而下游地区也可能通过人员、资金和物质流动影响上游地区的社会经济发展。流域的这两大特征决定了流域管理必须是跨部门、跨行政区域的综合管理。

流域综合管理是一项非常复杂的工程。特别是跨省界的大江大河流域。重建江湖联系需要进行长江、汉江等大河流域的综合治理,也应对湖泊小流域进行治理。

四湖流域行政区划跨荆州、潜江、荆门三市,流域面积 11 618.51km² 。流域内的水利工程原均属四湖工程管理局管理,因行政区划几经调整,使得四湖流域名存而实亡。现在,多头多层的管理使管理者职责不明,"多龙治水"使调度方案难以及时有效地执行,政出多门使水(电)费征收难上加难,基本建设资金渠道分散,因此四湖流域水利工程管理体制改革势在必行。要建立符合四湖流域实际情况的水利工程管理体制,恢复四湖流域的统一功能。坚持统一规划、统一建设、统一调度、统一管理的基本原则。管理单位要建成"建、管、经"和

"责、权、利"相结合的经济实体。

四湖流域要探索建立新型的流域管理机构,构建新型管理机构主要考虑三个原则。一是流域管理机构的职能应集中统一。在一个流域内,不能设立多个平行的流域性管理机构,所有有关流域性的管理事务,都应集中统一到一个流域管理机构。二是流域管理机构应有完全独立自主的管理权。流域管理机构在其所接受和委托的事务上,享有完全自主管理和处理事务的自主权利。三是应让各方面的代表充分参与流域的管理,包括参与决策和监督决定或决议的贯彻执行。流域管理机构应该是流域管理委员会加执行机构的双层体制。首先,应成立具有相应职权的流域管理委员会,是流域范围内各项流域管理事务的总决策机构,其委员有广泛的代表性。流域管理委员会的职责就是制定政策,做出各项决议和决定。流域管理的一切重大事项和政策都应由流域管理委员会通过民主表决的办法来决定。在流域管理委员会中可设立各专业委员会,这些专业委员会也应由各方面的代表组成。其次,在流域管理委员会下设执行机构,这个执行机构的职能是执行流域管理委员会所制定的一切政策和所做出的决议和决定,其负责人由流域管理委员会负责人提名,在流域管理委员会全体会议或其常委会议表决后任命。为此,建议成立四湖流域管理委员会和四湖流域管理局,前者直属于湖北省水利厅,作为全流域事务的协调和决策机构,负责全流域规划的制定和实施;后者作为常设性执行机构,负责日常管理工作。

为实现流域综合管理,应该要恢复四湖流域的统一性、整体性。1994年荆沙合并行政区划调整后,湖北省又成立了"湖北省四湖地区防洪排涝协调领导小组"。省协调领导小组的成立,实际上是对四湖流域管理体制解体后实施统一管理、统一调度的一种补救方法。四湖流域内的县市原在荆州地区一个行政区划内时,尚需一个流域性管理机构,现在行政区划变更后理应更需一个流域性管理机构,而且这个流域性管理机构还要强化职能。四湖流域行政区划地跨荆州、荆门、潜江三个地级市,按《中华人民共和国水法》第四十五条规定:"涉及两个行政区划受益的水工程应由上级管理"的原则,湖北省水利厅应是四湖流域管理局的上级主管单位。四湖流域管理局负责流域性工程"二湖、三站、四渠、十二闸"的管理、调度、运用和维修。二湖为长湖、洪湖;三站为田关泵站、高潭口泵站、新滩口泵站;四渠为总干渠、东干渠、西干渠、田关河;十二闸为双店闸、刘岭闸、高场南闸、徐李寺闸、彭家河滩闸、习口闸、小港湖闸、张大口闸、子贝渊闸、新滩口闸、福田寺防洪闸和田关闸。其他区域性的渠、闸、站均由所在县、市、区管理。四湖流域管理局负责统一管理流域性的工程规划、建设。建立湖北省水利厅直属的四湖流域管理委员会,作为流域事务的决策机构,并成立四湖流域管理局作为执行机构,负责日常管理工作,这样才能实现四湖流域的综合管理目标。

总之,四湖流域景观生态建设和流域生态管理的主要措施,包括退田还湖恢复湿地,扩大湖泊湿地面积;湖泊河流生态修复与生态建设,江湖连通与引江济湖工程;生态灭螺与综合防治血吸虫病;保护四湖流域湿地生物多样性;加强分蓄洪区建设;建立四湖流域专门管理机构,统筹全流域建设与管理等多个方面的工作。通过生态建设和流域生态管理,协调和改善四湖流域景观内部结构和生态过程,正确处理资源利用与生态保护、发展经济生产与环境质量改善的关系,进而完善景观生态系统的功能,提高其抗干扰能力和稳定性,保护自然界的生态完整。

参考文献

蔡述明,官子和,1982. 跨江南北的古云梦泽说是不能成立的:古云梦泽问题讨论之二[J]. 海洋与湖沼,13(2):129-142.

蔡述明,王学雷,1993. 江汉平原四湖地区生态环境综合评价[J]. 长江流域资源与环境,2(4):355-364.

蔡述明,王学雷,黄进良,等,1996a. 江汉平原四湖地区区域开发与农业持续发展[M]. 北京:科学出版社.

蔡述明,张晓阳,1995. 江汉平原湿地资源及其动态变化的遥感分析仁[M]//陈宜瑜. 中国湿地研究. 长春:吉林科学技术出版社.

蔡述明,赵艳,杜耘,等,1998. 全新世江汉湖群的环境演变与未来发展趋势:古云梦泽问题的再认识[J]. 武汉大学学报(哲学社会科学版),239(6):96-100.

蔡述明,周新宇,1996. 人类活动对长江中游湿地生态系统的冲击[J]. 地理科学,16(2):129-136.

陈百明,刘新卫,杨红,2003. LUCC 研究的最新进展评述. 地理科学进展[J]. 22(1):22-29.

陈刚起,张文芬,1982. 三江平原沼泽对河川径流影响的初步探讨[J]. 地理科学,2(3):254-263.

陈世俭,马毅杰,2002. 四湖地区潜育化土壤的肥力特征与改良利用[J]. 土壤,(2):73-76.

陈宜瑜,1995. 中国湿地研究[M]. 长春:吉林科学技术出版社.

陈宜瑜,2005. 推进流域综合管理 保护长江生命之河[J]. 中国水利,(8):10-12.

陈宜瑜,许蕴环,等,1995. 洪湖水生生物及其资源开发[M]. 北京:科学出版社.

成水平,吴振斌,况琪军,2002. 人工湿地植物研究[J]. 湖泊科学,14(2):179-184.

程维明,周成虎,柴慧霞,等,2009. 中国陆地地貌基本形态类型定量提取与分析[J]. 地球信息科学学报,11(6):725-736.

邓红兵,王庆礼,蔡庆华,2002. 流域生态系统管理研究[J]. 中国人口·资源与环境,12(6):18-20.

邓宏兵,2004. 江汉湖群演化与湖区可持续发展研究[D]. 上海:华东师范大学.

邓宏兵,蔡述明,杜耘,2006. 近 50 年来江汉湖群水域演化定量研究[J]. 长江流域资源与环境,15(2):244-248.

邓慧平,2001. 气候与土地利用变化对水文水资源的影响研究[J]. 地球科学进展,16(3):436-441.

董哲仁,2004. 河流生态恢复的目标[J]. 中国水利,(10):6-9.

杜耘,陈萍,Kieko SA TO,等,2005. 洪湖水环境现状及主导因子分析[J]. 长江流域资源与
　　环境,14(4):481-485.

杜耘,薛怀平,吴胜军,等,2003. 近代洞庭湖沉积与孕灾环境研究[J]. 武汉大学学报(理学
　　版),49(6):740-744.

傅伯杰,陈利顶,马克明,1999. 黄土丘陵区小流域土地利用变化对生态环境的影响:以延安
　　市羊圈沟流域为例[J]. 地理学报,54(3):241-246.

傅伯杰,陈利顶,马克明,等,2001. 景观生态学原理及应用[M]. 北京:科学出版社.

傅国斌,李丽娟,刘昌明,2001. 遥感水文应用中的尺度问题[J]. 地球科学进展,16(6):
　　755-760.

高玄彧,2007. 地貌形态分类的数量化研究[J]. 地理科学,27(1):109-114.

龚胜生,2002. 江汉-洞庭湖平原湿地的历史变迁与可持续利用[J]. 长江流域资源与环境,
　　11(6):569-574.

龚子同,张甘霖,1998. 人为土研究的新趋势[J]. 土壤,(1):54-56.

郭旭东,陈利顶,傅伯杰,1999. 土地利用/土地覆被变化对区域生态环境的影响[J]. 环境科
　　学进展,7(6):66-75.

郭宗锋,2005. 西双版纳地区土地利用/覆被变化对径流的影响[D]. 中国科学院西双版纳
　　热带植物园.

何报寅,2002. 江汉平原湖泊的成因类型及其特征[J]. 华中师范大学学报(自然科学版),36
　　(2):241-244.

何广水,黎礼刚,2006. 长江上荆江河道冲淤变化研究[J]. 人民长江,37(9):77-81.

何英彬,陈佑启,唐华俊,等,2010. 中国农村居民点研究进展[J]. 中国农学通报,
　　26(14):433-437.

贺缠生,傅伯杰,1998. 美国水资源政策演变及启示. [M]// 黄真理,傅伯杰,杨志峰. 21 世
　　纪长江大型水利工程中的生态与环境保护. 北京:中国环境科学出版社.

贺缠生,傅伯杰,陈利顶,1998. 非点源污染的管理及控制[J]. 环境科学,19(5):87-91.

贺锋,吴振斌,2003. 水生植物在污水处理和水质改善中的应用[J]. 植物学通报,
　　20(6):641-647.

胡鸿兴,康洪莉,贡国鸿,等,2005. 湖北省湿地冬季水鸟多样性研究[J]. 长江流域资源与环
　　境,14(4):422-428.

湖北省水利厅,湖北省防汛抗旱指挥部办公室,2000. 湖北长江防汛[M]. 武汉:湖北人民出
　　版社.

黄进良,2001. 近 500 年江汉平原湖区土地开发的历史反思[J]. 华中师范大学学报(自然科
　　学版),35(4):485-488.

姜万勤,张新华,1997. 川中丘陵区荒坡利用方式对水土流失影响的研究[J]. 自然资源学
　　报,12(1):17-22.

姜文来,2000. 21 世纪中国水资源安全战略研究[J]. 中国水利,(8):41-44.

金伯欣,邓兆仁,李新民,1992. 江汉湖群综合研究[M]. 武汉:湖北科学技术出版社.

金其铭,1988a. 农村聚落地理[M]. 北京:科学出版社:6-12.

金其铭,1988b. 我国农村聚落地理研究历史及近今趋向[J]. 地理学报,43(4):311-316.

金卫斌,胡秉民,2003. 湖北四湖流域景观结构变化对汛期湖泊水位影响的模拟分析[J]. 生态学报,23(4):643-648.

荆州市长江河道管理局,2012. 荆江堤防志[M]. 北京:中国水利水电出版社.

李昌峰,高俊峰,张鸿辉,2004. 近50年来人类活动对四湖地区河湖环境演变的影响[J]. 地域研究与开发,23(5):120-124.

李哈滨,伍业纲,1992. 景观生态学的数量研究方法[M]//刘建国. 当代生态学博论. 北京:中国科学技术出版社:209-233.

李恒鹏,陈雯,刘晓玫,2004. 流域综合管理方法与技术[J]. 湖泊科学,16(1):85-90.

李劲峰,李蓉蓉,李仁东,2000. 四湖地区湖泊水域萎缩及其洪涝灾害研究[J]. 长江流域资源与环境,9(2):265-268.

李景保,朱红旗,龙经文,1997. 从湖泊水域环境异变论洞庭湖区洪涝灾害[J]. 灾害学,12(4):80-84.

李君,李小建,2009. 综合区域环境影响下的农村居民点空间分布变化及影响因素分析:以河南巩义市为例[J]. 资源科学,31(7):1195-1204.

李开伦,1993. 江汉湖群渔业资源演变特点及开发对策[J]. 湖泊科学,5(4):373-377.

李可可,2003. 荆湖地区水系演变与人类活动历史研究[D]. 武汉:武汉大学.

李仁东,李劲峰,1998. 湖北省土地资源的遥感宏观分析[J]. 资源科学,20(3):48-53.

李仁东,隋晓丽,彭映辉,等,2003. 湖北省近期土地利用变化的遥感分析[J]. 长江流域资源与环境,12(4):322-326.

李文华,1999. 长江洪水与生态建设[J]. 自然资源学报,14(1):1-8.

李文华,何永涛,杨丽韫,2001. 森林对径流影响研究的回顾与展望[J]. 自然资源学报,16(5):398-406.

李晓文,方创琳,黄金川,等,2003. 西北干旱区城市土地利用变化及其区域生态环境效应:以甘肃河西地区为例[J]. 第四纪研究,23(3):280-290.

李晓文,肖笃宁,胡远满,2001. 辽河三角洲滨海湿地景观规划预案设计及其实施措施的确定[J]. 生态学报,21(3):352-364.

李晓文,肖笃宁,胡远满,2002. 辽东湾滨海湿地景观规划预案分析与评价[J]. 生态学报,22(2):224-232.

李杨帆,朱晓东,2003. 江苏灌河口湿地景观生态规划:可持续发展的方案[J]. 地理科学,23(5):635-640.

李长安,杜耘,吴宜进,等,2001. 长江中游环境演化与防洪对策[M]. 武汉:中国地质大学出版社.

李智杰,2001. 长江荆江河段1998年洪水分析[J]. 人民长江,32(2):18-20.

梁会民,赵军,2001. 基于GIS的黄土塬区居民点空间分布研究[J]. 人文地理,16(6):81-83.

梁学田,1992. 水文学原理[M]. 北京:水利电力出版社.

廖荣华,喻光明,刘美文,1997. 城乡一体化过程中聚落选址和布局的演变[J]. 人文地理,12
(4):35-38.

林开愚,杨凯,兰运超,等,1985. 江汉湖群围垦变化的遥感测定[J]. 环境科学学报,5(1):
20-29.

刘海燕,曹艳英,1998. 江汉平原湿地开发及其对环境的影响[J]. 地理学与国土研究,14
(2):16-20.

刘华杰,2009. 盖娅假说:从边缘到主流[J]. 思想战线,35(2):112-116.

刘士余,赵小敏,邹秀清,等,2002. 长江中游湖区农业生态经济系统分析[J]. 江西农业大学
学报(社会科学版),1(3):25-29.

刘硕,2002. 国际土地利用与土地覆盖变化对生态环境影响的研究[J]. 世界林业研究,15
(6):38-45.

刘彦随,陈百明,2002. 中国可持续发展问题与土地利用/覆被变化研究[J]. 地理研究,21
(3):324-330.

刘章勇,刘百韬,李必华,等,2003. 江汉平原涝渍地的成因、演替与分异规律研究[J]. 农业
现代化研究,24(1):24-28.

柳长顺,陈献,乔建华,2004. 流域水资源管理研究进展[J]. 水利发展研究,4(11):19-22.

闾国年,钱亚东,陈钟明,1998. 基于栅格数字高程模型自动提取黄土地貌沟沿线技术研究
[J]. 地理科学,18(6):567-573.

马毅杰,陆彦椿,赵美芝,等,1997. 长江中游平原湖区土壤潜育化沼泽化的发展趋势与改良
利用[J]. 土壤,(1):1-5.

孟宪民,崔保山,邓伟,等,1999. 松嫩流域特大洪灾的醒示:湿地功能的再认识[J]. 自然资
源学报,14(1):14-21.

欧光华,黄泽钧,白宪台,等,2008. 四湖排水系统优化调度及决策支持系统[M]. 武汉:武汉
大学出版社.

欧维新,杨桂山,于兴修,等,2004. 盐城海岸带土地利用变化的生态环境效应研究[J]. 资源
科学,26(3):76-83.

彭建,王仰麟,张源,等,2004. 滇西北生态脆弱区土地利用变化及其生态效应:以云南省永
胜县为例[J]. 地理学报,59(4):629-938.

秦煊,2001. 论江汉湖群湿地的环境保护[J]. 环境科学与技术,(增刊):13-14,17.

冉宗植,蔡述明,1991. 江汉-洞庭平原的涝地农业与江湖整治[C]// 长江流域资源、生态、环
境与经济开发研究论文集. 北京:科学出版社:1-13.

沈定文,罗金萍,陈喜珪,等,1996. 湖北钉螺与血吸虫尾蚴相容性研究[J]. 武汉医学杂志,
20(4):206-207.

沈荣开,王修贵,张瑜芳,2001. 涝渍兼治农田排水标准的研究[J]. 水利学报,(12):
36-39,47.

施雅风,姜彤,苏布达,等,2004. 1840年以来长江大洪水演变与气候变化关系初探[J]. 湖

泊科学,16(4):289-297.

史培军,潘耀忠,陈晋,等,1999. 深圳市土地利用/覆盖变化与生态环境安全分析[J]. 自然资源学报,14(4):293-299.

史培军,袁艺,陈晋,2001. 深圳市土地利用变化对流域径流的影响[J]. 生态学报,21(7):1041-1050.

水利部长江水利委员会,1999. 长江流域地图集[M]. 北京:中国地图出版社.

宋国宝,李政海,鲍雅静,等,2007. 纵向岭谷区人口密度的空间分布规律及其影响因素[J]. 科学通报,52(增刊):78-85.

宋天祥,张国华,常剑波,等,1999. 洪湖鱼类多样性研究[J]. 应用生态学报,10(1):86-90.

苏时雨,李钜章,1999. 地貌制图[M]. 北京:测绘出版社.

孙艳群,2005. 渭河流域陕西片降雨与径流特性研究[D]. 西安:西安建筑科技大学.

汤国安,杨玮莹,杨昕,等,2003. 对DEM地形定量因子挖掘中若干问题的探讨[J]. 测绘科学,28(1):28-32.

汤国安,赵牡丹,2000. 基于GIS的乡村聚落空间分布规律研究:以陕北榆林地区为例[J]. 经济地理,20(5):1-4.

田光进,刘纪远,张增祥,等,2002. 基于遥感与GIS的中国农村居民点规模分布特征. 遥感学报,6(4):307-312.

Vijay P. Singh,2000. 水文系统流域模拟[M]. 赵卫民,戴东,牛玉国,等译. 郑州:黄河水利出版社.

汪小钦,王钦敏,励惠国,等,2008. 黄河三角洲土地利用/覆盖变化的微地貌区域分异[J]. 地理科学,28(4):513-517.

王宏志,李仁东,朱俊林,2000. 华中地区土地资源利用信息系统的快速建立[J]. 湖北大学学报(自然科学版),22(4):393-396.

王建群,卢志华,2003. 土地利用变化对水文系统的影响研究[J]. 地球科学进展,18(2):292-298.

王利民,胡慧建,王丁,2005. 江湖阻隔对涨渡湖区鱼类资源的生态影响[J]. 长江流域资源与环境,14(3):287-292.

王晓伟,董连科,龙期威,1991. 周长-面积关系及分形维数的计算机模拟[J]. 高压物理学报,5(2):124-129.

王修贵,胡铁松,关洪林,等,2009. 湖北省平原湖区涝渍灾害综合治理研究[M]. 北京:科学出版社.

王学雷,1999. 江汉平原湖区洪涝灾害形成机理与生态减灾的对策研究[J]. 华中师范大学学报(自然科学版),33(3):445-449.

王学雷,2001. 江汉平原湿地生态脆弱性评估与生态恢复[J]. 华中师范大学学报(自然科学版),35(2):237-240.

王学雷,刘兴土,吴宜进,2003. 洪湖水环境特征与湖泊湿地净化能力研究[J]. 武汉大学学报(理学版),49(2):217-220.

王学雷,吕宪国,任宪友,2006. 江汉平原湿地水系统综合评价与水资源管理探讨[J]. 地理科学,26(3):311-315.

王学雷,宁龙梅,肖锐,2008. 洪湖湿地恢复中的生态水位控制与江湖联系研究[J]. 湿地科学,6(2):316-320.

王学雷,吴后建,任宪友,2005. 长江中游湿地系统驱动关系的演变及保护展望[J]. 长江流域资源与环境,14(5):644-648.

王学雷,吴宜进,2001. 江汉平原四湖地区湿地农业景观格局分析[J]. 华中农业大学学报(自然科学版),20(2):188-191.

王学雷,吴宜进,2004. 江汉平原湿地系统的退化与生态恢复重建[J]. 华中农业大学学报,23(4):467-471.

王仰麟,1996. 景观生态分类的理论方法[J]. 应用生态学报,7(增刊):121-126.

王中根,刘昌明,吴险峰,2003. 基于 DEM 的分布式水文模型研究综述[J]. 自然资源学报,18(2):168-173.

魏显虎,杜耘,Yasunori Nakayama,等,2005. 基于 RS/GIS 的四湖地区湖泊水域百年变迁研究[J]. 长江流域资源与环境,14(3):293-297.

邬建国,2000. 景观生态学:格局、过程、尺度与等级[M]. 北京:高等教育出版社.

邬建国,2004. 景观生态学中的十大研究论题[J]. 生态学报,24(9):2074-2076.

吴文恒,牛叔文,郭晓东,等,2008. 黄淮海平原中部地区村庄格局演变实证分析[J]. 地理研究,27(5):1017-1026.

吴秀芹,龙花楼,高吉喜,等,2005. 江汉平原湿地功能下降与洪涝灾害关系分析[J]. 生态环境,14(6):884-889.

吴秀芹,蒙吉军,2004. 塔里木河下游土地利用/覆盖变化环境效应[J]. 干旱区研究,21(1):38-43.

吴宜进,蔡述明,1999. 长江中游洪涝灾害的发展趋势与跨流域治理的必要性[J]. 长江流域资源与环境,8(3):334-338.

吴宜进,马发生,金卫斌,等,2003. 湖北省历史时期旱涝灾害的特点与规律分析[J]. 武汉大学学报(理学版),49(2):213-216.

向治安,周刚炎,1993. 长江泥沙输移特性分析[J]. 水文,(6):8-13.

项国荣,罗志强,谭征,1997. 四湖地区湿地农业持续发展研究[M]. 北京:科学出版社.

肖笃宁,1991. 景观生态学:理论、方法及应用[M]. 北京:中国林业出版社.

肖笃宁,1999. 景观生态学研究进展[M]. 长沙:湖南科学技术出版社.

肖笃宁,李晓文,1998. 试论景观规划的目标、任务和基本原则[J]. 生态学杂志,17(3):46-52.

肖飞,蔡述明,2003. 洪湖湿地变化研究[J]. 华中师范大学学报(自然科学版),37(2):266-268,272.

肖飞,杜耘,Parrot J. F. ,等,2011. 基于 DEM 的平原区人工微地貌数字提取方法探讨[J]. 地理科学,31(6):647-653.

肖飞,杜耘,凌峰,等,2012. 江汉平原村落空间分布与微地形结构关系探讨[J]. 地理研究,
  31(10):1785-1792.

肖飞,张百平,凌峰,等,2008. 基于 DEM 的地貌实体单元自动提取方法[J]. 地理研究,27
  (2):459-466.

肖建成,骆高远,姜安源,1996. 江汉平原内涝形成因素及其治理刍议[J]. 地理学与国土研
  究,12(3):34-39.

徐坚,2002. 浅析中国山地村落的聚居空间[J]. 山地学报,20(5):526-530.

徐瑞瑚,射双玉,赵艳,1994. 江汉平原全新世环境演变与湖群兴衰[J]. 地域研究与开发,13
  (4):52-56.

徐雪仁,万庆,1997. 洪泛平原农村居民地空间分布特征定量研究及应用探讨[J]. 地理研
  究,16(3):47-54.

徐志侠,陈敏建,董增川,2004. 湖泊最低生态水位计算方法[J]. 生态学报,24(10):
  2324-2328.

杨存建,白忠,贾月江,等,2009. 基于多源遥感的聚落与多级人口统计数据的关系分析[J].
  地理研究,28(1):19-26.

杨风亭,刘纪远,庄大方,等,2004. 中国东南红壤丘陵区土地利用变化的生态环境效应研究
  进展[J]. 地理科学进展,23(5):43-55.

杨汉东,何报寅,蔡述明,等,1998. 江汉平原长湖近代沉积物磁性测量及其气候意义[J]. 地
  理科学,(2):135-138.

易朝路,2001. 洪湖及其周围三种湖相粘土的微结构特征与沉积环境[J]. 湖泊科学,13(4):
  296-302.

易朝路,蔡述明,黄进良,等,1998. 江汉平原(四湖地区)和洞庭湖区湿地的分类与分布特征
  [J]. 应用基础与工程科学学报,(1):23-29.

尹澄清,兰智文,1995. 白洋淀水陆交错带对陆源营养物质的截留作用初步研究[J]. 应用生
  态学报,(1):76-80.

尹玲玲,2000. 从明代河泊所的置废看湖泊分布及演变:以江汉平原为例[J]. 湖泊科学,12
  (1):38-46.

俞孔坚,1998. 景观生态战略点识别方法与理论地理学的表面模型[J]. 地理学报,
  53(B12):11-18.

俞孔坚,1999. 生物保护的景观生态安全格局[J]. 生态学报,19(1):8-15.

俞孔坚,2002. 景观的含义[J]. 时代建筑,(1):14-17.

俞孔坚,李迪华,1997. 城乡与区域规划的景观生态模式[J]. 国外城市规划,(3):27-31.

俞孔坚,李迪华,潮洛蒙,2001. 城市生态基础设施建设的十大景观战略[J]. 规划师,
  17(6):9-13,17.

俞孔坚,李迪华,段铁武,1998. 生物多样性保护的景观规划途径[J]. 生物多样性,6(3):
  205-212.

俞孔坚,李迪华,李伟,2004. 论大运河区域生态基础设施战略和实施途径[J]. 地理科学进

展,23(1):1-12.

俞雷,刘洪斌,武伟,2006. 基于 DEM 的重庆三峡库区水系提取试验研究[J]. 地理科学,26
　　(5):616-621.

喻光明,王朝南,陈平,1993. 江汉平原农田渍害机理研究[J]. 地理研究,12(3):37-44.

袁作新,1990. 流域水文模型[M]. 北京:水利电力出版社.

岳隽,王仰麟,彭建,2005. 城市河流的景观生态学研究:概念框架[J]. 生态学报,25(6):
　　1422-1429.

岳文泽,徐建华,谈文琦,等,2005. 城市景观多样性的空间尺度分析:以上海市外环线以内
　　区域为例[J]. 生态学报,25(1):122-128.

张世瑕,2005. 流域水文特征的景观生态机理分析及生态补偿系统的研究[D]. 杭州:浙江
　　大学.

张毅,孔祥德,邓宏兵,等,2010. 近百年湖北省湖泊演变特征研究[J]. 湿地科学,8(1):
　　15-20.

赵安周,朱秀芳,史培军,等,2013. 国内外城市化水文效应研究综述[J]. 水文,33(5):
　　16-22.

赵洪壮,李有,杨景春,等,2009. 基于 DEM 数据的北天山地貌形态分析[J]. 地理科学,29
　　(3):445-449.

赵晓光,吴发启,刘秉正,等,1998. 人类耕作活动对耕地径流及产沙的影响:全国水文计算
　　进展和展望学术研讨会文选集[C]. 南京:河海大学出版社:325-329.

赵艳,2000. 江汉湖区的开发及其环境效应[J]. 长江流域资源与环境,9(3):370-375.

赵艳,吴宜进,杜耘,2000. 人类活动对江汉湖群环境演变的影响[J]. 华中农业大学学报(社
　　会科学版),35(1):31-33.

郑璟,方伟华,史培军,等,2009. 快速城市化地区土地利用变化对流域水文过程影响的模拟
　　研究:以深圳市布吉河流域为例[J]. 自然资源学报,24(9):1560-1572.

郑璟,袁艺,冯文利,等,2005. 土地利用变化对地表径流深度影响的模拟研究:以深圳地区为
　　例[J]. 自然灾害学报,14(6):77-82.

周成虎,程维明,钱金凯,等,2009. 中国陆地 1∶100 万数字地貌分类体系研究[J]. 地球信
　　息科学学报,11(6):707-724.

周德民,程进强,熊立华,2008. 基于 DEM 的洪泛平原湿地数字水系提取研究[J]. 地理科
　　学,28(6):776-781.

周心琴,张小林,2005. 我国乡村地理学研究回顾与展望[J]. 经济地理,25(2):285-288.

周祖昊,郭宗楼,2000. 平原圩区除涝排水系统实时调度中的神经网络方法研究[J]. 水利学
　　报,28(7):1-6.

朱炳海,1939. 西康山地村落之分布[J]. 地理学报,6(1):40-43.

朱超洪,2005. 洞庭湖区土地利用变化及其对洪涝灾害影响[D]. 武汉:中国科学院测量与
　　地球物理研究所.

ALCANTARA-AYALA I,2002. Geomorphology, natural hazards, vulnerability and prevention of natural disasters in developing countries [J]. Geomorphology, 47 (2-4) 107-124.

BAILEY T C, GATRELL A C, 1995. Interactive spatial data analysis[M]. London: Longman Scientific and Technical.

BAIN M B, HARIG A L, LOUCKS D P, et al. , 2000. Aquatic ecosystem protection and restoration: advances in methods for assessment and evaluation[J]. Environmental Science and Policy, 3:89-98.

BAND L E, 1986. Topographic partition of watersheds with digital elevation models [J]. Water Resources Research, 22(1):15-24.

BELLOT J, BONEY A, SANCHEZ J R, et al. , 2001. Likely effects of land use changes on the runoff and aquifer recharge in semiarid landscape using a hydrological model[J]. Landscape and Urban Planning, 55(1):41-53

BOSCH J M, HEWLETT J D, 1982. A review of catchment experiments to determine the effect of vegetation changes on water yield and evapotranspiration[J]. Journal of Hydrology, 55(1/4):3-23

BRONSTERT A, 2001. River basin research and management: integrated modelling and investigation of land-use impacts on the hydrological cycle[J]. Physics and Chemistry of the Earth, Part B: Hydrology, Oceans and Atmosphere, 26(7-8):485.

BRONSTERT A, NIEHOFF D, BURGER G, 2002. Effects of climate and land-use change on storm runoff generation: present knowledge and modelling capabilities[J]. Hydrological Processe, (16):509-529.

CALDER I R, 2000. Land use impacts on water resources[J]. Background Paper No. 1, FAO Electronic Workshop on Land-Water Linkage in Rural Watersheds.

CHEN X Q, ZONG Y Q, ZHANG E F, et al. , 2001. Human impacts on the Changjiang (Yangtze))River basin, China, with special reference to the impacts on the dry season water discharges into the sea[J]. Geomorphology, 41(2-3):111-123.

CLARK P J, EVANS F C, 1954. Distance to nearest neighbour as a measure of spatial relationships in populations[J]. Ecology, 35(4):445-453.

COOK E A, VAN LIER H N, 1994. Landscape planning and ecological networks[J]. Elsevier Science:368.

DOUGLAS D H, 1986. Experiments to locate ridges and channels to create a new type of digital elevation model[J]. Cartographica, 23(4):29-61.

DRAGUT L, BLASCHKE T, 2006. Automated classification of landform elements using object-based image analysis[J]. Geomorphology, 81(3/4):330-344.

DRAMSTAD W E, OLSON J D, FORMAN R T T, 1996. Landscape ecology principles in landscape architecture and land-use planning[M]// Harvard University Graduate School of Design, Washington, DC: Island Press.

DU Y,CAI S,ZHANG X Y,et al.,2001. Interpretation of the environmental change of Dongting Lake,middle reach of Yangtze River,China,by ^{210}Pb measurement and satellite image analysis [J]. Geomorphology,(41):171-181.

FALUDI A,1987. Decision centered view of environmental planning[M]. Oxford:Pergamon Press.

FORMAN R T T,1995. Some general principles of landscape and regional ecology[M]. Landscape Ecology,10(3):133-142.

FORMAN R T T,GODRON M,1986. Landscape ecology[M]. New York:John Wiley and Sons.

GARCIA-RUIZ J M,LASANTA T,MARTI C,et al.,1995. Changes in runoff and erosion as a consequence of land-use changes in the central Spanish Pyrenees[M]. Physics and Chemistry of the Earth,20(3-4):301-307.

GOFORTH R R,1999. Local and landscape-scale relations between stream communities, stream habitat and terrestrial land cover properties[D]. New York:Cornell University.

GOUDIE A S,1990. Human impact on the natural environment[M]. 3rd ed. Massachusetts:MIT Press.

GUSTAFSON E J,1998. Quantifying landscape spatial pattern:what is the state of the art [J]. Ecosystems . 1(2):143-156.

HAMILTON S K,KELLNDORFER J,LEHNER B,et al.,2007. Remote sensing of floodplain geomorphology as a surrogate for biodiversity in a tropical river system(Madre de Dios,Peru)[J]. Geomorphology,89:23-38.

HASEGAWA I,MITOMI Y,NAKAYAMA Y,et al.,1998. Land cover analysis using multi seasonal NOAAAVHRR mosaicked images for hydrological applications[J]. Advances in Space Research,22(5):677-680

HAWKINS V,SELMAN P,2002. Landscape scale planning:exploring alternative land use scenarios[J]. Landscape and Urban Planning,60(4):211-224.

HELMSCHROT J,FLUGEL W-A,2002. Land use characterization and change detection analysis for hydrological model parameterisation of large scale afforested areas using remote sensing[J]. Physics and Chemistry of the Earth,27(9-10):711-718

HILL A J,NEARY V S,MORGAN K L,2006. Hydrologic modeling as a development tool for HGM functional assessment models[J]. Wetlands,26(1):161-180.

IGBP,1996. IGBP report No. 43[R]. Stockholm(Sweden):International Geosphere-Biosphere Programme:7-30.

IGBP,2001. The global environmental programmes [J]. IGBP Science,4:11-14.

IWAHASHI J,PIKE R J,2007. Automated classifications of topography from DEMs by an unsupervised nested-means algorithm and a three-part geometric signature [J]. Geomorphology,86(3-4):409-440.

KARVONEN T,KOIVUSALO H,JAUHIAINEN M,et al.,1999. A hydrological model for predicting runoff from different land use areas [J]. Journal of Hydrology, 217(3-4):253-265.

KIRSCHBAUM R L,GOODMAN I A,et al.,2000. Effects of land cover change on stream flow in the interior Columbia River Basin (USA and Canada) [J]. Hydrological ProcHydrological Processesrnesses,14(5):867-885.

KLOCKING B,HABERLANDT U,2002. Impact of land use changes on water dynamics— a case study in temperate meso and macroscale river basins[J]. Physics and Chemistry of the Earth,27(9-10):619-629.

KNAAPEN J P,SCHEFFER M,HARMS B,1992. Estimating habitat isolation in landscape planning[J]. Landscape and Urban Planning,23(1):1-16.

KRAUSE P,2002. Quantifying the impact of land use changes on the water balance of large catchments using the J2000 model[J]. Physics and Chemistry of the Earth,27 (9-10):663-673.

LANZA L G,SCHULTZ G A,BARRETT E C,1997. Remote sensing in hydrology:some downscaling and uncertainty issues[J]. Physics and Chemistry of the Earth,22 (3-4): 215-219.

LEGESSE D,VALLET-COULOMB C,GASSE F,2003. Hydrological response of a catchment to climate and land use changes in Tropical Africa:case study South Central Ethiopia[J]. Journal of Hydrology,275(1-2):67-85.

LEITAO A B,AHERN J,2002. Applying landscape ecological concepts and metrics in sustainable landscape planning[J]. Landscape and Urban Planning,59(2):65-93.

LIKENS G E,1996. Biogeochemistry of a forested ecosystem[M]. 3rd ed. New York: Springer-verlag:1-54.

LOUCKS D P,KINDLER J,FEDRA K,1985. Interactive water resources modeling and model use:an overview[J]. Water Resources Research,21(2):95-102.

LOUCKS D P,TAYLOR M R,FRENCH P N,1995. IRAS-Interactive river-aquifer simulation model,program description and operating manual[D]. New York:Cornell University.

LφRUP J K,REFSGAARD J C,MAZVIMAVI D,1998. Assessing the effect of land use change on catchment runoff by combined use of statistical tests and hydrological modelling:case studies from Zimbabwe[J]. Journal of Hydrology,205(3-4):147-163.

MAIDMENT D R,1993. Handbook of Hydrology[M]. New York:McGraw-Hill Book Company.

MANDELBROT B B,1982. On an eigenfunction expansion and on fractional brownian motions[J]. Lettere al Nuovo Cimento,33(17):549-550.

MARK D M,1984. Automated detection of drainage networks from digital elevation models [J]. Cartographica,21:168-178.

MATHEUSSEN B,MCHARG I L,1992. Design with nature[M]. New York:John Wiley and Sons.

MELESSE A M,SHIH S F,2002. Spatially distributed storm runoff depth estimation using Landsat images and GIS[J]. Computers and Electronics in Agriculture,37:173-183.

NESCO,1997. Ecohydrology processes in small basins[M]. Paris:IHP-V,theme 2.

NIEHOFF D, FRITSCH U, BRONSTERT A, 2002. Land-use impacts on storm-runoff generation:scenarios of land-use change and simulation of hydrological response in a meso-scale catchment in SW-Germany[J]. Journal of Hydrology,267(1/2):80-93.

O'CALLAGHAN J F,MARK D M,1984. The extraction of drainage networks from digital elevation data[J]. Computer Vision,Graphics,and Image Processing,28(3):323-344.

PENNER J E,1994. Atmospheric chemistry and air quality[M]// MEYER W B,TURNER II B L. Changes in land use and land cover:A global perspecitve. Cambridge:Cambridge University Press.

PERRY G L W,MILLER B P,ENRIGHT N J,2006. A comparison of methods for the statistical analysis of spatial point patterns in plant ecology[J]. Plant Ecology,187(1):59-82.

PEUCKER T K,DOUGLAS D H,1975. Detection of surface-specific points by local parallel processing of discrete terrain elevation data[J]. Computer Graphics and Image Processing,4(4):375-387.

RAGAN R M,JACKSON T J,1980. Runoff synthesis using Landsat and SCS model[J]. Journal of Hydraulics Division,ASCE 106(HY5):667-678.

RANDOLPH J,2004. Environmental land use planning and management[M]. Washington, DC:Island Press,95-105.

RAPPORT D J,GAUDET C,KARR J R,et al. ,1998. Evaluation landscape health:integrating societal goals and biophysical process[J]. Journal of Environmental Management,(53):1-15.

RISSER P G,1987. Landscape ecology:state of the art[M]// TURNER M G. Landscape heterogeneity and disturbance. New York:Springer:3-14.

ROMME W H,KNIGHT D H,1982. Landscape diversity:the concept applied to Yellowstone Park[J]. BioScience,32(8):664-670.

ROSE S,PETERS N E,2001. Effects of urbanization on streamflow in the Atlanta area (Georgia,USA):a comparative hydrological Approach[J]. Hydrological Processes,15(8):1441-1457.

ROSEN P, HENSLEY S, GURROLA E,et al. ,2001. SRTM C-band topographic data: quality assessments and calibration activities:Geoscience and Remote Sensing Symposium [C]. Sydney:IEEE:739-741.

SEDDON G,1986. Landscape planning:a conceptual perspective[J]. Landscape and Urban Planning,(13):335-347,

SKIDMORE A K,1990. Terrain position as mapped from a gridded digital elevation model [J]. International Journal of Geographical Information Systems,4(1):33-49.

STALLINS J A,2006. Geomorphology and ecology:unifying themes for complex systems in biogeomorphology[J]. Geomophology,77:207-216.

STEINER F R,OSTERMAN D A,1988. Landscape planning:a working method applied to a case study of soil conservation[J]. Landscape Ecology,1(4):213-226.

STEINITZ C,1990. A framework for theory applicable to the education of landscape architects and other environmental design professionals [J]. Landscape Journal. 9 (2): 136-143.

SUN G,RANSON K J,KHARUK V I,et al. ,2003. Validation of surface height from Shuttle Radar Topography Mission using shuttle laser altimeter[J]. Remote Sensing of Environment,88:401- 411.

TERPSTRA J,VAN MAZIJK A,2001. Computer aided evaluaiton of planning scenarios to assess the impact of land-use changes on water balance[J]. Physics and Chemistry of the Earth,Part B:Hydrology,Oceans and Atmosphere,26(7):523-527.

TORIWAKI J,FUKUMURA T,1978. Extraction of structural information from grey pictures[J]. Computer Graphics and Image Processing,(7):30-51.

TRIBE A,1992. Automated recognition of valley lines and drainage networks from grid digital elevation models:a review and a new method[J]. Journal of Hydrology,139(1-4): 263-293.

TROCH P A, PANECONI C, MCLAUGHLIN D, 2003. Catchment-scale hydrological modeling and data assimilation[J]. Advances in Water Resources,26:131-135.

TURNER B L,MOSS R H,SKOLE D L,1993. Relating land use and global land- cover change:a proposal for an IGBP-HDP core project. IGBP Report No. 24 and HDP Report No. 5[R]. Stockholm(Sweden):International Geosphere-Biosphere Programme.

TURNER M G,1989. Landscape ecology:the effect of pattern on processes[J]. Annual Review of Ecology,Evolution and Systematics,20:171-197.

TURNER M G,GARDNER R H,1990. Quantitative methods in landscape ecology[M]. New York:Springer-Verlag.

WANG X L,2000. Wetland vulnerability assessment and the ecological rehabilitation in Jianghan Plain,China[C]. Millennium Wetland Event-The Sixth International Wetland Symposium,Quebec,Canada.

WANG X L,2002. Wetland ecosystem function assessment and the sustainable development in Jianghan Plain-Lake District J,China[J]. Wuhan University Journal of Natural Sciences,7(4).

WARNTZ W,1966. The topology of a social-economic terrain and spatial flows[J]. Papers in Regional Science,17:47-61.

WARNTZ W,WOLDENBERG M,1967. Geography and the properties of surfaces,concepts and applications-spatial order[R]. Harvard Papers in Theoretical Geography No. 1.

WENG Q H,2001. Modeling urban growth effects on surface runoff with the integration of remote sensing and GIS[J]. Environmental Management,28(6):737-748.

WHITEHEAD P H,CALDER I R,1993. The balquhidder experimental catchments[J]. Journal of Hydrology,145:215-480.

Yin H F,Li C A,2001. Human impact on floods and flood disasters on the Yangtze River [J]. Geomorphology,41(2-3):105-109.

YU K J,1995. Security patterns in landscape planning:with a case in south China[D]. Cambridge:Harvard University.

YU K J,1996. Security patterns and surface model in landscape ecological planning[J]. Landscape and Urban Planning,36(1):1-17.